甘肃省甜菜病虫草害识别及预防

赵丽梅 编著

中国农业科学技术出版社

图书在版编目（CIP）数据

甘肃省甜菜病虫草害识别及预防 / 赵丽梅编著. -- 北京：中国农业科学技术出版社，2023.7

ISBN 978-7-5116-6370-2

Ⅰ.①甘… Ⅱ.①赵… Ⅲ.①甜菜—病虫害防治 ②甜菜—除草 Ⅳ.①S435.663 ②S45

中国国家版本馆 CIP 数据核字（2023）第 134940 号

责任编辑	倪小勋
责任校对	马广洋
责任印制	姜义伟　王思文

出 版 者	中国农业科学技术出版社
	北京市中关村南大街 12 号　邮编：100081
电　　话	（010）82105169（编辑室）（010）82109702（发行部）
	（010）82109709（读者服务部）
网　　址	https://castp.caas.cn
经 销 者	各地新华书店
印 刷 者	北京建宏印刷有限公司
开　　本	170 mm × 240 mm　1/16
印　　张	10
字　　数	130 千字
版　　次	2023 年 7 月第 1 版　2023 年 7 月第 1 次印刷
定　　价	48.00 元

※ 版权所有·侵权必究 ※

前　言

甜菜（*Beta vulgaris* L.）又名菾菜，属藜科、甜菜属，是我国两大糖料作物之一，也是我国北方重要的制糖原料。

甘肃省自1940年开始种植甜菜，已有80多年的历史，主产区位于河西走廊，年播种面积10万亩（1亩 ≈ 667 m^2）左右，省内有甘肃酒泉德源食品工业有限责任公司、张掖市云鹏工贸有限责任公司、甘肃皇台实业制糖有限公司等制糖企业。病虫草害预防是甜菜丰产高糖的关键，自2011年国家糖料产业技术体系张掖综合试验站设立以来，针对甘肃省甜菜原料生产上病虫草害发生种类、规律进行了详细的调查，并深入开展了相应的试验研究和示范，形成了行之有效的防治措施，被种植户广泛应用，有效地提高了甜菜产量和含糖量。

为将十多年来形成的成果更好地服务于甜菜生产，特编写《甘肃省甜菜病虫草害识别及预防》一书。本书主要介绍了甘肃省甜菜主要病害、虫害、草害与适宜甘肃省种植的优良甜菜新品种，适合教学、科研和农业技术人员以及甜菜生产人员参考。

由于水平有限，书中尚有不足之处，敬请读者批评指正。

编著者

2023 年 5 月

目　录

第一章　甜菜主要病害 ·· 1

第一节　甜菜白粉病 ·· 1

第二节　甜菜黄化病毒病 ·· 4

第三节　甜菜褐斑病 ·· 5

第四节　甜菜立枯病 ·· 7

第五节　甜菜根腐病 ·· 9

第六节　甜菜霜霉病 ··· 12

第七节　甜菜蛇眼病 ··· 14

第八节　甜菜叶斑病 ··· 16

第九节　甜菜丛根病 ··· 17

第十节　甜菜花叶病毒病 ··· 19

第十一节　甜菜窖腐病 ··· 20

第二章　甜菜主要虫害 ··· 23

第一节　地老虎 ··· 23

第二节　金针虫 ··· 25

第三节　甜菜象甲 … 28
第四节　跳　甲 … 31
第五节　甜菜茎象甲 … 33
第六节　甘蓝夜蛾 … 35
第七节　旋幽夜蛾 … 38
第八节　甜菜潜叶蝇 … 42
第九节　李氏瓢虫 … 45
第十节　甜菜叶螨 … 46
第十一节　甜菜龟叶甲 … 48
第十二节　红蜘蛛 … 50
第十三节　草地螟 … 52
第十四节　华北蝼蛄 … 53

第三章　甜菜田间常见杂草 … **57**

第一节　稗　草 … 57
第二节　反枝苋 … 58
第三节　冰　草 … 60
第四节　打碗花 … 61
第五节　龙　葵 … 62
第六节　苦苣菜 … 64
第七节　萹　蓄 … 65
第八节　刺儿菜 … 66
第九节　冬　葵 … 68

- 第十节　节节草 …… 69
- 第十一节　蒲公英 …… 70
- 第十二节　芦　苇 …… 72
- 第十三节　曼陀罗 …… 73
- 第十四节　马齿苋 …… 74
- 第十五节　酸模叶蓼 …… 75
- 第十六节　苣荬菜 …… 77
- 第十七节　灰绿藜 …… 78
- 第十八节　狗尾草 …… 80
- 第十九节　荠　菜 …… 81
- 第二十节　独行菜 …… 82

第四章　优良甜菜品种简介 …… **85**

- 第一节　ZT6 …… 85
- 第二节　KUHN1125 …… 87
- 第三节　LN90910 …… 88
- 第四节　LS1216 …… 90
- 第五节　LN90909 …… 92
- 第六节　LN20159 …… 94
- 第七节　SV1433 …… 96
- 第八节　SR496 …… 97
- 第九节　KUHN1387 …… 99
- 第十节　IM1162 …… 100

第十一节 IM802 101

第十二节 KUHN1357 103

第十三节 KUHN814 105

第十四节 MK4085 106

第十五节 SR-411 108

第十六节 ST13529 109

第十七节 SV1366 111

第十八节 SV1555 112

第十九节 SV1434 114

第二十节 SV2085 115

参考文献 **117**

主要病虫草害图集 **119**
  甜菜主要病害 120
  甜菜主要虫害 125
  甜菜常见草害 133

第一章
甜菜主要病害

第一节 甜菜白粉病

分布范围 甘肃省各甜菜产地每年普遍发生。发病株率一般为40%～80%，最高可达100%。块根一般减产10%～20%，含糖量下降1.0°～1.2°。甘肃省7月末至9月初为白粉病流行高峰期，是甜菜生育后期的重要病害。还可侵染苜蓿、三叶草和旋花。野苜蓿及藜科上的白粉菌也可侵染甜菜。

症　　状 甜菜的根头、茎、叶、花枝、种球各部位均可受害。发病初期在叶上出现些许白粉状小斑，呈放射状，经过几天，整个叶片上覆盖一层白粉。随着时间推移白粉层变厚，几乎覆盖全叶，在浓厚的白粉层中产生大量的黄色或黑褐色的小粒。病株生长缓慢，茎叶变黄凋萎。严重干扰甜菜的光合作用，从而影响甜菜的产量和品质。

病　　原　甜菜白粉病病菌属于子囊菌亚门、白粉菌目、白粉菌属。菌丝无色，在寄主组织表面蔓延，用吸器寄透表皮细胞，吸取水分和养分。无性世代在菌丝上产生分化不明显的、无色、短柱状分生孢子梗，顶生分生孢子。分生孢子无色、单胞、椭圆形，串生，大小为（24～43）μm×（14～18）μm，成熟后脱落。有性世代闭囊壳于发病后期产生，初为浅黄色，后变为黑褐色、球形，直径为70～120μm，附属丝丝状，有隔膜，单生，少有分枝。闭囊壳内含4～8个无色、椭圆形、卵形或梨形的子囊，大小为（62～65）μm×（35～40）μm。每个子囊内一般生4个、单胞、无色、卵形至椭圆形、大小为（14～27）μm×（10～18）μm的子囊孢子。有时一个子囊内含6个子囊孢子。

侵染循环　白粉病病菌以闭囊壳或菌丝体在种球、病残体或留种母根上越冬。第二年当温度条件适宜时，闭囊壳吸水膨胀，释放出子囊和子囊孢子侵染寄主，或越冬菌丝萌动直接侵染寄主。甜菜生长期间病部不断产生分生孢子，借气流、雨水飞溅或昆虫携带，将分生孢子传播到健株，造成多次重复再侵染。发病后期，至收获以后，闭囊壳随病残株进入土壤越冬，采种株种球表面的闭囊壳或内部的菌丝体、母根根头上的闭囊壳或菌丝体，在室内或贮藏窖内随种子或母根越冬，成为第二年初次侵染来源。

发病条件　甘肃省原料甜菜于7月下旬开始发病，个别年份7月上旬就可发生，8月病害进入发病盛期，9月中旬后病害发展缓慢。

一般情况下，气温高、干旱少雨，病害发生重。平均气温 20~25 ℃、降水少、湿度低，有利于白粉菌菌丝生长和孢子形成，侵染后潜育期短，发病则重；反之，气温低于 20 ℃、降水多、湿度大，病害发展缓慢。暴雨可冲掉病部白粉层，也可抑制白粉病的发展。此外，白粉病发生早晚和发病程度，与田间灌溉、施肥、品种和耕作栽培技术有关。浇水太多、氮肥过量，植株长势过旺；土壤干旱缺水、植株萎蔫；连茬、迎茬地，前作或邻作为采种田或苜蓿、草木樨地，均利于白粉病的发生和流行。

防治措施 甜菜白粉病的初侵染源不仅来自带菌种球、留种母根和田间病残体，而且还有种植广泛的苜蓿、草木樨以及野生杂草寄主，使病害严重发生，增加防治难度。必须采取综合措施才能有较好效果。

（1）大面积生产实践和试验表明，甜菜品种间对白粉病抗性存在显著差异。

（2）用于防治白粉病的药剂种类很多，其中 25% 苯醚甲环唑乳油 2 000 倍液、400 g/L 氟硅唑乳油 5 000 倍液、20% 三唑酮乳油 1 000 倍液、325 g/L 苯甲·醚菌酯悬浮剂 1 500 倍液等药剂进行喷洒，效果好、持效期长，一般在 7 月下旬至 8 月上旬视病害发生情况可每隔 7 d 施药 1 次，可连续用药 2~3 次。鉴于三唑酮作为白粉病特效农药已在甘肃省瓜类等作物上广泛应用多年，目前已产生了抗药性，因此，在具体应用时应与其他农药交替使用，并应严格掌握使用浓度。

（3）采种田应远离原料田集中种植。实行轮作，避免重茬、迎茬，不应以苜蓿、草木樨为前作和邻作。适时浇水，防止甜菜受旱，避免偏施氮肥，防止生长过旺，增强植株抗病性。收获后及时清除田间的病残体，秋季深耕冬灌，加速病残体腐解。及时中耕除草，铲除田间野生寄主，减少初次侵染来源。

第二节 甜菜黄化病毒病

分布范围 甜菜黄化病毒病是甘肃省甜菜原料生产上的主要病害，在各个产区时有发生。

症　　状 感染初期底部老叶的叶尖和叶缘开始变黄，随后在叶肉间扩展，产生不规则形黄色斑块。最后除叶脉仍保持绿色外，整叶黄化并向中层叶片和心叶蔓延，导致整株叶片黄化。

病　　原 甜菜黄化病毒主要依靠桃蚜等18种以上蚜虫传播。西方甜菜黄化病毒由桃蚜等8种蚜虫传播，病毒可在介体内循环。

侵染循环 主要侵染源是带毒母株。此外，多年生寄主也是初次侵染来源之一。由蚜虫等传毒介体在带病采种株和其他带毒寄主上为害，并把病毒传染给其他健康采种株和原料甜菜引起发病，然后再通过蚜虫等介体或汁液摩擦导致田间再侵染。

发病条件 取决于毒源数量、有翅蚜的迁飞数量和迁飞高峰期长短。干旱少雨，有利于有翅蚜的发生和迁飞，病害则重。

防治措施

（1）培育和使用抗病品种。

（2）防蚜治蚜。与原料生产田地埂、苜蓿地、沙枣树等进行统防统治。

（3）加强田间管理。促进甜菜生长发育，提高抗病能力。及时清除田间杂草，消灭野生寄主，减少病毒来源。及时拔除病株，减少田间侵染来源。合理种植布局。

第三节 甜菜褐斑病

分布范围 甜菜褐斑病又叫叶斑病、斑点病。甘肃省各产区零星发生，8月上中旬开始发生。病害发生后形成许多枯死斑，轻者叶片光合面积减少，重者叶片枯死脱落，发病率达100%，影响块根养分，产量下降10%~15%，同时由于老叶大量死亡，新叶不断形成，又大量消耗块根已累积的养分和糖分，从而使块根含糖量降低1°~2°。发病越早，病情越重，损失就越大；反之，损失较小。

症　状 病害主要发生在叶片、叶柄、花梗和种球上。病部最初呈褐色或紫褐色小圆斑，后直径可扩大至3~4 mm，最后病斑中央呈灰褐色，周围为褐色至紫色。潮湿时，病斑中央产生灰白色霉状物，即病菌分生孢子梗和分生孢子。一般病菌只侵染生理成熟的叶片，不侵染生长旺盛的嫩叶。可重复侵染，病斑数量增加，在高温多雨的条件下，病斑小而密，每个病叶上病斑数可达400~1 000个。病斑布满全叶，后期融合成片，干枯死亡。

病　　原　甜菜褐斑病病菌属半知菌亚门、丝孢目、尾孢属。甜菜褐斑病病菌除侵染糖用甜菜外，还可侵染叶用甜菜、饲用甜菜。寄主范围包括蒲公英、豌豆、车前等12科26种植物。

侵染循环　褐斑病菌主要以菌丝团形式在病残体、母根根头和种球上越冬，是翌年原料甜菜和采种株的主要初次侵染来源。此外，未经腐解的厩肥及野生寄主也是重要越冬场所及翌年初次侵染源。分生孢子虽能附于种球表面越冬，但一旦条件适宜就可萌发而丧失活力，一般不能成为初次侵染来源。带菌种球和母根的调运，是甜菜新产区病害发生的主要途径。

甜菜生长期间，雨、露和高湿度促进病斑产生大量分生孢子，并借气流、雨水飞溅，昆虫或田间机械操作，使分生孢子传入健康叶组织上，遇高湿、露滴、雨滴而萌发产生芽管，由气孔侵入，菌丝在细胞间蔓延，经一定潜育期后形成病斑。如此循环多次再侵染。甜菜收获后，枯死病叶落入土中，或病株留作母根，或种球上潜伏有菌丝体随之在室内越冬。

发病条件　田间湿度低，叶龄小，潜育期长，田间再侵染源数量少，病害发展缓慢。反之，病害则迅速发展。

甜菜褐斑病发生早晚及流行与否，取决于甜菜品种的抗性强弱、越冬菌源数量和气候及耕作栽培等因素。

田间菌量与病害发生程度呈正相关。重茬地、迎茬地发病重。

降水量大、降水次数多、过量灌水、田间潮湿、结露等，可促进孢子形成和传播，病害则重。

防治措施 褐斑病是一种再侵染次数多，流行性强的病害。对甜菜褐斑病的防治，最根本的措施是加强抗病育种，种植抗病品种，辅以田间药剂防治和农业防治等综合性防治措施，达到有效控制。

（1）培育和种植抗病品种。

（2）可选用50%多菌灵可湿性粉剂800倍液、70%甲基硫菌灵可湿性粉剂1 000倍液、敌力康（12.5%烯唑醇可湿性粉剂）2 000倍液、64%杀毒矾（噁霜·锰锌）可湿性粉剂600～800倍液、80%代森锰锌可湿性粉剂600倍液、75%百菌清可湿性粉剂800倍液、10%苯醚甲环唑水分散粒剂1 500倍液等药剂进行防治。

（3）实行4年以上轮作。采种株是原料田重要初次侵染来源之一，最好改分散采种为集中采种。彻底清除田间病残体。及时中耕除草，铲除野生寄主，增施磷肥，及时定苗，适当密植，合理灌溉，防止田间积水。

第四节 甜菜立枯病

分布范围 立枯病是甜菜苗期病害的总称，包括一些真菌和细菌引起的病害，该病又称猝倒病、苗腐病。是甘肃省各甜菜产区较为普遍发生的苗期病害，一般发病率为2%～6%，土壤黏重或地下水位高的盐碱地发生严重，常常造成缺苗断垄。

症　　状　甜菜从种子发芽至幼苗出土后2～3对真叶前均可发病，4对真叶后病害即停止扩展。其症状由于引起的病原菌种类不同而有差异：一类是幼苗出土前被侵染，造成烂种和烂芽；另一类是幼苗出土后发病，一般在子叶下轴产生水渍状病斑并逐步变为深褐色至黑色凹陷，病斑不断向上下蔓延，幼苗萎蔫枯死。

病　　原　引起甜菜幼苗立枯病的病原种类较多。

蛇眼病菌属半知菌亚门、球壳孢目、茎点霉属，分生孢子器暗黑色，球形或椭圆形。常导致烂芽或幼苗出土后猝倒，病斑多数发生在近土表或土表下部分。

猝倒病菌属鞭毛菌亚门、霜霉目、腐霉属。该菌多数引起幼苗猝倒，症状出现时间最早。

丝核菌属半知菌亚门、无孢菌目、丝核菌属。有性世代很少发生。由于菌丝生长发育及在寄主内蔓延较慢，故侵染寄主后症状多数在幼苗出土后才出现。

镰刀菌属半知菌亚门、瘤座孢目、镰孢霉属，为土壤习居菌，引起淡褐色至黄褐色干腐。

苗腐病菌属鞭毛菌亚门、水霉目、丝囊霉属，是立枯病的重要致病真菌。

此外，黑腐病菌也可引起苗期立枯。

侵染循环　甜菜立枯病因病原菌种类不同，其侵染源不同，传播特征等也不一样。蛇眼病菌主要以种子带菌为主，其他几种病菌主要以病残体在土壤中越冬,成为翌年的初次侵染来源。播种后种子萌发,病菌孢子亦随之萌发,菌丝恢复生长,侵染幼芽或幼苗子叶下轴以下部位。当甜菜幼苗长至4对真叶后,木质化程度增强而较抗病,一般不再侵染。

发病条件 一般而言,土壤温度低、湿度大,有利于病害的发生。播种过早,播后下雨,土壤含水量大,土壤黏重,雨后板结,引起烂种、烂芽。

防治措施

(1)用50%福美双可湿性粉剂0.8%、95%敌磺钠可湿性粉剂WP 0.6%~0.8%等进行拌种。

(2)实行4年轮作,避免重茬和迎茬,以禾本科作物为佳。改善土壤理化性质,增强透气性和透水性。及时中耕松土,破除板结,保持土壤疏松,提高地温,促进齐苗、壮苗。

第五节 甜菜根腐病

分布范围 根腐病是甜菜生长发育期间块根遭受多种病菌感染所引起的块根腐烂的总称。在甘肃省各甜菜产区发生较为普遍,特别是在土质黏重,盐碱较重,地下水位高和地下害虫为害严重的地区,发病较重。

症　　状　根腐病的症状因致病菌种类不同而异。一般而言，甜菜染病后，植株略矮小，叶片褪绿黄化，或呈黄褐色卷曲干枯，或叶片无明显症状但在炎热天气下植株叶片呈匍匐状萎蔫。

根腐病可分为干腐和湿腐两类。按发病部位可分为根尾腐烂和根体腐烂两种。根尾腐烂发生早，为害重，多数发生在直根上，先是根尾产生黑色腐烂，而后逐步向上扩展，病部维管束变为黄褐色，在多雨或潮湿土壤条件下，病部呈水渍状软腐，具酸臭味，易拔起。根体腐烂多发生在生育后期，有的为侧腐，有的为冠腐，有的为心腐。

病　　原　根腐病属土传病害，引起根腐病的病原种类较多。

（1）镰刀菌。属半知菌亚门、瘤座孢目、镰孢霉属。该属中有数种镰刀菌均可引起根腐病。分别引起块根尾腐、侧腐和心腐。

（2）丝核菌。属半知菌亚门、无孢目、丝核菌属。主要发生于土质黏重、潮湿地区，一般从下部根体表皮入侵，形成侧腐。

（3）白绢菌。属半知菌亚门、无孢目、小菌核属。有性世代属担子菌亚门、多孔菌目、薄膜革菌属，少见。病部常有白色绢丝状菌丝体和黄褐色小菌核，严重时病部腐烂散溃仅留纤维。

（4）蛇眼病菌。属半知菌亚门、球壳孢目、茎点霉属。病部除维管束外全部变黑。

（5）欧文氏杆菌。属于欧文氏杆菌属。细菌从各类伤口侵染块根，病部呈水渍状软腐，具酸臭味。

另外，还有几种真菌也能引起甜菜块根腐烂。如瓜果腐霉、掘氏疫霉、根霉等。

侵染循环 病原菌多数为土壤习居菌，病原真菌主要以菌丝体、菌核或厚垣孢子在土壤病残体上越冬，致病细菌也在土壤或病残体上越冬。病菌都是从块根的各类伤口侵入，在高湿条件下扩展蔓延引起块根腐烂。生长期间，借耕作、雨水和灌溉水传播，引起重复侵染。

发病条件 病菌在土壤中数量较大。病害的发生与流行主要取决于甜菜生长发育状况和环境条件，任何不利于甜菜根系发育的条件均可诱发根腐病的发生。特别是土壤盐碱重，土质黏重，透水、通气性差，地下水位高，土壤含水量大，排水不良和地下害虫重的地块，利于病害发生与发展。此外，各种机械损伤、虫伤和其他伤口，都为病菌的侵染提供了有利途径。

防治措施 根腐病属土传病害，其发生、发展与土壤、耕作栽培措施密切相关。要从合理的农业技术措施出发，改善甜菜植株生长发育情况，从而减轻病害的发生和为害。

（1）一般选择土层深厚，土壤肥沃、疏松，通气性好，地势平坦，排水方便，地下水位低的地块为佳。

（2）进行5年以上轮作，避免重茬或迎茬，以小麦等禾本科作物为宜。

（3）深秋耕并增施腐熟有机肥和磷肥，改善土壤理化性质，增加土壤肥力，促进根系发育，增加块根抗病能力。避免大水漫灌。注意防治地下害虫，避免一切机械损伤。

第六节 甜菜霜霉病

分布范围 该病在甘肃省甜菜生产区尚未发现。

症　　状 侵染1~2年生甜菜，以为害叶片为主，幼叶最易感病。最初染病叶组织褪绿，扩大后因受叶脉限制，叶斑发展成多角状，但很快又会突破脉围而向邻近的叶组织扩展，使其又形成新的大型角斑，故一张病叶上的病斑常形成连片的大斑，并迅速蔓延至全叶，使整个叶组织腐烂。一般情况下，霉层主要着生于叶片背面病斑上。但如果环境潮湿冷凉，即可在整个病叶的两面除叶脉外布满茂密的灰色霉层，霉底层的叶组织坏死变褐色，病区内的叶脉也成段坏死，变黑褐色。如病区分布在叶的下端，也会影响到叶柄组织一并腐烂变黑。感染的病叶停止生长，或皱缩卷曲呈畸形，致使甜菜株心坏死变黑。

甜菜在出苗后整个生育期间均可发病，子叶、真叶及采种株地上部各器官均可被害，以幼嫩心叶发病最重。叶片被害，初生浅绿色不规则小斑，后病斑不断扩大并变为浅黄色。最后病斑呈深褐色枯死。在潮湿条件下，病斑背面产生初为白色，后变为灰紫色霉层。即病菌孢囊梗和孢子囊。病菌极易侵染生长点而引起系统发病，导致幼嫩心叶褪绿、叶肉变厚、易碎、叶缘向下卷曲、畸形，严重时心叶枯死。

在采种株上,生长初期主要感染主茎或外围芽上最幼嫩的叶片,后感染花茎顶端、花轴、苞叶和花,甚至种球也可被害,造成花轴嫩枝生长受阻,扭曲变形,严重时还能导致块根心腐,并引起外层叶片褪绿。

病　　原　甜菜霜霉病菌属鞭毛菌亚门,霜霉目,霜霉属。粉霜霉,属鞭毛菌亚门真菌。孢囊梗基部膨大,大小(166～431)μm×(7.8～10.8)μm,冠部呈叉状分枝6～8次,顶枝长5～25μm,呈锐角分开。孢子囊卵圆形至椭圆形,浅褐色,大小(17.6～34)μm×(9.8～19.6)μm。卵孢子黄色,圆形,壁厚有皱褶,直径25～33μm。

侵染循环　病菌以卵孢子在土壤病残体和种子上越冬或以菌丝体在留种的母根上越冬,成为翌年初侵染来源。孢子囊极易丧失生活力,不能成为翌年初次侵染源。在冷凉潮湿条件下,卵孢子可直接萌发产生侵染丝;卵孢子或菌丝体越冬后产生孢囊梗和孢子囊,孢子囊萌发产生芽管。侵染丝或芽管从叶片气孔侵入寄主,菌丝在胞间蔓延,由吸器从寄主细胞内吸取养分。孢囊梗从气孔伸出,孢子囊由风雨传播进行再侵染。当高温干燥时,在寄主细胞间隙形成藏卵器和雄器,交配后形成卵孢子,进入休眠状态。

发病条件　冷凉、潮湿、多雨地区和年份最适于甜菜霜霉病的发生。温度16℃左右,湿度70%以上最适于该病流行。重茬、偏施氮肥、过度密植、浇水不当等条件下可使病害加重。

防治措施

(1)严格进行检疫。

（2）培育和种植抗病品种。

（3）在无病区内集中种植留种母根。

（4）发病初期选用高效低毒低残留农药，如90%乙膦铝水悬剂500倍液，25%甲霜灵可湿性粉剂或58%甲霜灵锰锌可湿性粉剂800~1 000倍液，64%杀毒矾（噁霜·锰锌）可湿性粉剂600~800倍液、72%杜邦克露（霜脲氰）可湿性粉剂800~1 000倍液、69%安克（烯酰吗啉）可湿性粉剂2 500~3 000倍液等药剂进行喷雾防治，每隔7~10 d喷1次，连喷2~3次。防治时期应根据降水量，雨前雨后喷药防治。

（5）实行轮作，增施磷肥，避免偏施氮肥和过分密植。收获后及时清除田间病残体于田外烧毁，减少越冬菌源。

第七节 甜菜蛇眼病

分布范围 在甘肃省各甜菜产区零星发生。蛇眼病是因甜菜叶丛生长繁茂，在成熟的叶片上形成状如蛇眼睛的病斑而得名。

症　　状 甜菜苗期受害，引起立枯，以后在叶片、根部、花梗上发病，使患病部位呈褐色圆形的同心轮纹，稍凹陷的病斑，后扩大为云纹斑，病斑可散生黑色小颗粒，即分生孢子器。

在采种株上，一般先侵染下部叶片逐渐向上蔓延，花枝亦受害，往往使种球严重带菌。

病　　原　甜菜蛇眼病菌属半知菌亚门、球壳孢目、茎点霉属，蛇眼病菌。

侵染循环　蛇眼病菌以菌丝或分生孢子器附于母根根头或种球上或其他病组织上越冬。病残体上菌丝在土壤中可存活8个月以上。在干燥的种球上可存活2年左右。

越冬后分生孢子器在有水的条件下释放出分生孢子侵染寄主，越冬后的菌丝萌动直接侵染。甜菜生长期间病斑上的分生孢子器释放出分生孢子，借雨水、灌溉水等传播，通过伤口、自然孔口等途径侵入引起再侵染。

发病条件　孢子形成和萌发最适温度为20~25℃，最低2~3℃，最高30~35℃。

多雨、潮湿，有利于分生孢子的形成和传播。

防治措施

（1）用50%多菌灵可湿性粉剂1 000倍液、70%甲基硫菌灵可湿性粉剂1 000倍液、10%苯醚甲环唑水分散粒剂1 500倍液进行喷施。

（2）实行轮作，彻底清除田间病残体，深秋耕和冬灌促进病残体腐烂，减少田间越冬菌源，则可减轻发病程度。

第八节 甜菜叶斑病

分布范围 在甘肃省甜菜原料生产上尚未发现。

症　　状 病斑灰褐色，边缘浅黑色，圆形至卵圆形，直径 4~7 mm，湿度大时，病斑产生白色霉层。受害严重时叶片变黄、坏死，最后完全干枯。

病　　原 甜菜柱隔孢叶斑病菌，属半知菌亚门、丝孢纲、丝孢目、柱隔孢属。分生孢子梗屈膝状，暗色，单生或束生，分枝或不分枝，顶端不膨大。分生孢子褐色，略呈卵圆形，大小 (18~25) μm × (14~17) μm，表面具粗瘤。

侵染循环 病菌以子囊座随病残体留在土中越冬。条件适宜时释放子囊孢子进行初侵染。发病后，病部又产生分生孢子，借气流传播蔓延，进行再侵染。

发病条件 该菌属弱寄生菌，长势弱或发生冻害的田块易发病。

防治措施

（1）发病初期喷 30% 碱式硫酸铜悬浮剂 300 倍液，或用 36% 甲基硫菌灵悬浮剂 500 倍液，或用 75% 百菌清可湿性粉剂 1 000 倍液，或用 50% 苯菌灵可湿性粉剂 1 500 倍液，或用 50% 腐霉利可湿性粉剂 1 000 倍液。隔 7~10 d 喷 1 次，连续 3~4 次。

（2）合理密植，及时排水，防止湿气滞留。

第九节 甜菜丛根病

分布范围 丛根病又称疯根病，是世界各甜菜生产区为害甜菜的重要病害。1978年在我国内蒙古自治区首次发现，20世纪90年代在甘肃省、新疆维吾尔自治区、内蒙古自治区等地大发生。目前该病害在甘肃省各甜菜生产区可见。

症　　状 地上部叶丛和地下部块根均有明显症状。地上部叶丛症状主要有3种类型。

（1）叶脉黄化坏死型。为典型症状。发病后底层叶片的侧脉先出现褪绿黄化并逐渐扩展至整叶叶脉，最后向中、上层叶片蔓延。黄脉逐渐变褐坏死，叶片畸形，植株矮化，最后萎缩枯死。

（2）褪绿型。病株叶片均匀褪绿黄化，叶片变薄、变窄，有的褪绿叶片呈波状皱缩，叶柄细长直立，植株矮化。

（3）焦枯型。发病后叶端叶缘的叶肉先产生褪色小斑，逐渐扩大变为褐色并连片呈不规则形黑色斑块，由于根部侧根的坏死，叶片很快焦枯、内卷，最后整个叶片变黑枯死，病株矮化，叶片干枯脱落。

地下部块根症状。次生侧根和毛根异常增多，形成大胡子根。

田间单靠症状进行诊断有困难，必须进行病原检测，才能获得确切诊断。

病　　原　甜菜丛根病是一种病毒病。由甜菜坏死黄脉病毒引起，是一种由甜菜多黏菌传带病毒传染。

侵染循环　多黏菌属于持久性传毒介体，土壤中的休眠孢子囊在游离水的条件下萌发产生游动孢子，遇根毛后长出管状物侵入表皮细胞，并将所携带的病毒微粒导入寄主内增殖而导致寄主发病。侵入后的游动孢子很快形成卵圆形或不规则形的游动孢子囊，成熟孢子囊再产生逸出管并穿透表皮细胞逸出游动孢子，传播至邻近植株，进行再次侵染。甜菜收获后，病株侧根、毛根脱落留在土壤中，或病根腐解释放出大量休眠孢子囊于土壤中，病毒借此度过不良环境条件。

休眠孢子囊在土壤和病残体上，即使在没有寄主时，也能存活10年以上，故病残体和病土是丛根病的最主要侵染来源。

发病条件　甜菜重茬、迎茬，使土壤中存在大量病残体，积累大量的带毒多黏菌休眠孢子囊，病害则重；土壤贫瘠，有机质含量低，肥力低下，特别缺乏有效磷，发病也重。土壤潮湿，10 cm 土层地温为 $22\sim26\ ℃$，有利于病害发展。

防治措施　属土传病害。采取积极的预防措施和严格封锁病区的措施，以减轻病害为害程度和控制病区扩散，保证无病区甜菜生产安全。

（1）加强普查，划清病区和无病区。

（2）避免重茬、迎茬。实行5年以上的轮作。

（3）增施腐熟有机肥和有效磷，改善和提高土壤肥力。

（4）选育和使用抗耐病品种。

（5）采用纸筒育苗移栽，以保证移栽苗健壮无病。

第十节　甜菜花叶病毒病

分布范围　甜菜花叶病毒病在甘肃省甜菜各生产区域零星发生。在我国西北、东北、华北甜菜种植区均有发生。早期被侵染的植株块根可减产30%左右，后期感染损失较轻，减产10%~15%，根中含糖率降低。采种株发病后，种子产量降低30%左右。

症　状　甜菜花叶毒病因环境条件的不同而表现多种症状。病株初期幼叶叶脉变淡呈现明脉，接着出现许多褪绿小斑点或环纹斑，病斑逐渐扩大，形成典型镶嵌斑驳，边缘淡绿色，中部暗绿色，呈网状或呈大理石纹状，病株常表现矮化或畸形。此外，田间还可见到剑形叶或叶缘上卷、边缘或尖端黑色焦枯等畸形叶。

病　原　病原为甜菜病毒2号此外，黄瓜花叶病毒、芜菁花叶病毒、烟草花叶病毒也能侵染甜菜，产生花叶症状。病毒粒子呈丝条状结晶体，大小（730~750）nm×（12~13）nm，分散在细胞质内。病毒体外存活期1~2 d，致死温度为55~60 ℃、10 min，稀释限点1∶1 000。

侵染循环 病毒在母根及多年生杂草上越冬。在自然条件下，除蚜虫等昆虫传毒外，植株间摩擦和人为接触也能传毒。带毒昆虫的口器刺入寄主体的韧皮部，将唾液注入组织中，随着唾液的进入，病毒也随之进入。原来未带毒的昆虫，吸入有毒的汁液以后就变为带毒。带毒的昆虫在健株上取食 1 min 左右即可传毒，取食时间愈长，发病率愈高。

发病条件 气温在 23 ℃以上或 10 ℃以下发病受到抑制，症状逐渐隐蔽。低湿地、盐碱地和经常浇灌的地块发病重。6—7 月有翅蚜的迁飞量与病害的发生呈正相关。

防治措施

（1）选用抗病品种。

（2）清除田间杂草，减少毒源。

（3）积极防治蚜虫等传毒昆虫，切断病毒的传染途径。

第十一节　甜菜窖腐病

分布范围 甜菜窖腐病是在甜菜块根窖藏期间易发生的病害。窖腐病害的发生，主要是由于入窖前精选不彻底或入窖后管理不当所导致的。一般损失 10%~20%，最高发病率达 83%，降低了种子产量和品质。发病严重时，块根失去制糖或作母根的经济价值。

症　　状　甜菜茎点霉侵染后，多半从块根内部开始发病，由内向外扩散，病根表面生有白色菌丝体，有酒糟气味，病根横切面有褐色云纹状晕圈。镰刀菌侵染后，病根表面覆盖一层白色、粉红色或紫红色粉末状霉层，霉层下腐烂组织深褐色至黑褐色干腐；青霉菌侵染后，病组织表面覆盖一层蓝绿色或灰绿色的粉末状霉层，霉层下面块根组织褐色或黄褐色。灰霉菌侵染后，自根头及伤口发病，最初染病块根组织中生成多细胞的无色菌丝，在病根表面形成白色霉层，后变灰色，组织变褐，块根腐烂。黑根霉侵染后，病根呈淡黄色至淡褐色软腐。病根表面常附有深灰色至黑色霉层。许多交织的菌丝，往往将单个甜茅块根互相粘连。白腐菌侵染后，根头发病，病部表面生成棉花状的白色霉层，其后菌丝上长出黑色鼠粪状的菌核，块根逐渐腐烂。细菌侵染后，多自伤口发病，其上溢出白色菌脓，病部呈褐色，有酸臭气味。

病　　原　甜菜窖腐病的致病菌很多。凡在甜菜生长期为害甜菜块根的病原菌，都能引起窖腐病的发生，由于各地区的环境条件不同，所引起的甜菜窖腐病的主要病原菌也有所不同，一般常见的种类有甜菜茎点霉；镰刀菌；青霉菌病原有两种，一是扩张麦霉菌，属半知菌亚门、丛梗孢目、淡色菌科、青霉菌属，二是展开青霉，也属青霉菌属；灰霉菌（灰葡萄孢）；黑根霉；白腐菌。

侵染循环　我国甜菜窖腐病中，以蛇眼病菌为多，其次是灰霉病、镰刀菌、蔬菜软腐病菌、根霉菌、青霉菌等。初侵染源有3个方面：块根带菌入窖入堆；病原菌随土沙和农具带入窖内；病原菌原来就存在于窖土中。其中块根带菌入窖是主要的初侵染源。病菌从伤口或自然孔口侵入，以分生孢子、菌丝、菌核传播蔓延。

发病条件　温湿度过高或过低对块根贮藏均不利，温度 3 ℃ 以上，空气相对湿度 80%～100% 时，窖腐病病菌侵入、繁殖、扩展迅速，发病严重；温度低于 3 ℃，块根易受冻伤，进而被窖腐病病菌感染。空气相对湿度在 80% 以下，窖腐病发展会受到抑制。空气相对湿度 50% 以下，块根易失水萎蔫，入窖或堆放后，窖内或堆中湿度低、干燥，会加快块根萎蔫程度，引起细胞中有机物分解，呼吸作用加强，能量平衡被破坏，导致根皮表皮细胞死亡，加上空气含量增加，为好气性腐生菌侵染提供了有利条件，窖腐病发生就会严重。

防治措施

（1）注意保持块根健康新鲜，生长期间做好病虫害防治工作，收获时，随收随埋堆，入窖过程中尽可能避免机械损伤。严格控制窖温在 1～3 ℃，最高不宜超过 5 ℃。

（2）保持窖内清洁，入窖前喷洒 1∶（40～80）的福尔马林溶液消毒，闷窖 1～2 d，或每平方米撒石灰 150～250 g。

第二章
甜菜主要虫害

第一节 地老虎

分布范围 地老虎属鳞翅目夜蛾科。此类害虫在甘肃省发生为害较重。甘肃省为害甜菜的地老虎主要是黄地老虎,而八字地老虎、警纹地老虎、显纹地老虎数量不多。

地老虎对甜菜的为害以第一代最为严重。幼虫 1~2 龄阶段主要取食幼苗叶片;3 龄以后主要咀食甜菜根部,造成缺苗断垄。

形态特征(黄地老虎)

成　　虫 长 15~18 mm,翅展 35~45 mm,前翅灰黄色、灰褐甚至黑色,横纹不明显,但肾状纹、环纹状和楔状纹明显。

卵 扁圆形,高约 0.5 mm,宽约 0.7 mm,为乳白色→黄褐色→

黑色。中部有纵脊 38～41 根，双序式。

卵初产时为乳白色，2～3 d 后出现浅灰色斑纹，卵孵化前变灰褐色，卵期长短随温度高低而异，春季 19～20 ℃，卵期 7 d。

幼　　虫　40～50 mm，灰褐色，体表光滑，有分布均匀的微小颗粒，呈不规则的多角形。腹部 1～7 节第四毛片比气孔大 1.0～1.5 倍。

蛹　16～19 mm，红褐色。腹背 4 节中央有稀少刻点，5～7 节各前缘密被细小刻点 9～10 排，腹部末端稍延长，着生臀棘刺 1 对。

生活史及习性　黄地老虎每年发生 2～3 代，以老熟幼虫在土内越冬。春季气温回暖后，老熟幼虫即爬到离地表 3～5 cm 的土层中做一土室，直立其中化蛹。化蛹羽化时期在南北疆差别较大。

防治措施

（1）必须在害虫产卵期浅中耕，系统地铲除甜菜田内、外杂草，并沤肥或烧毁，这样可消灭大量的卵和幼虫。

（2）消灭越冬老熟幼虫，破坏黄地老虎越冬场所，减少越冬基数。

（3）利用成虫趋化性，采用黑光灯或糖醋液诱杀成虫。

（4）当 3 龄以上幼虫转到土壤表层，需用毒饵诱杀。每亩（1 亩 ≈ 667 m^2，下同）用 90% 敌百虫晶体 0.1 kg，加水 0.5 kg，拌麦麸 3.0 kg 制成毒饵，傍晚施于苗株附近，或用黑光灯、糖醋液、雌虫性诱剂诱杀成虫。

（5）在地老虎 1～2 龄幼虫暴露在寄主植物上或地面上时可采用 5% 美除（虱螨脲）乳油 1 000～1 500 倍液、2.5% 功夫（氯氟氰菊酯）乳油 1 000 倍液、5% 抑太保（定虫隆）乳油 2 000 倍液喷雾防治。

第二节 金针虫

分布范围 此类害虫在甘肃省普遍发生。幼虫能咬食刚播下的种子，食害胚乳使之不能发芽，如已出苗可为害须根、主根或部分茎，使幼苗枯死。甜菜主根受害部不整齐，还能蛀入块茎和块根。

形态特征

◎ 沟金针虫

成　　虫　栗子色或浓栗色，雌虫体长14～17 mm，宽4～5 mm，触角短粗11节，第三至第十节各节基细端粗，彼此约等长，约为前胸长度的2倍，前胸较发达，背面呈半球状隆起，后绿角突出外方；鞘翅长约为前胸长度的4倍，后翅退化。雄虫体长14～18 mm，宽约3.5 mm，体扁平，全体被金灰色细毛，头部扁平，头顶呈三角形凹陷，密布刻点，触角较细长，12节，长及鞘翅末端；第一节粗，棒状，略弓弯；第二节短小；第三至第六节明显加长而宽扁；第五、第六节长于第三、第四节；自第六节起，渐向端部趋狭略长，末节顶端尖锐；鞘超长约为前胸长度的5倍。足浅褐色，雄虫足较细长。

卵　近椭圆形，乳白色，长径约0.7 mm，短径约0.6 mm。

幼　　虫　老熟幼虫体长25～30 mm，体形扁平，全体金黄色，被黄色细毛。头部扁平，口部及前头部暗褐色，上唇前线呈三齿状凸起。由胸背至第八腹节背面正中有 1 个明显的细纵沟。尾节黄褐色，其背面稍呈凹陷，且密布粗刻点，尾端分叉，各叉内侧各有 1 个小齿。

蛹 长纺锤形，乳白色。雌蛹长 16~22 mm，宽约 4.5 mm；雄蛹长 15~19 mm，宽约 3.5 mm。雌蛹触角长及后胸后缘，雄蛹触角长达第八腹节。前胸背板隆起，前缘有 1 对剑状细刺，后缘角突出部之尖端各有 1 枚剑状刺，其两侧有小刺列。中胸较后胸稍短，背面中央呈半球状隆起。翅袋基部左右不相接，由中胸两侧向腹面伸出。腿节与胫节几乎相并，与体轴成直角，跗节与体轴平行；后足除跗节外大部隐入翅袋下。腹部末端纵裂，向两侧形成角状突出，向外略弯，尖端具黑褐色细齿。

◎ 细胸金针虫

成　虫 体长 8~9 mm，宽约 2.5 mm。体细长扁平，被灰色短毛。头胸部黑褐色，鞘翅、触角和足红褐色，触角细短，第二节稍长于第三节，基端略等粗，自第四节起略呈锯齿状，各节基细端宽，彼此约等长，末节呈圆锥形。前胸背板长稍大于宽，后角尖锐；鞘翅狭长，末端趋尖，每翅具 9 行深的刻点沟。

卵 乳白色，长 0.5~1.0 mm。

幼　虫 老熟幼虫体长约 32 mm，宽约 1.5 mm。头扁平，口器深褐色。第一胸节较第二、第三节稍短。1~8 腹节略等长，尾节圆锥形，近基部两侧各有 1 个褐色圆斑和 4 条褐色纵纹，顶端具 1 个圆形凸起。

蛹 初蛹乳白色，后变成黄色，口器淡褐色。

生活史及习性 金针虫的生活史很长，因种类而不同，常需3~5年才能完成1代，各代以幼虫或成虫在地下越冬，越冬深度为20~85 cm。

◎ 沟金针虫

需3年左右完成1代，第一、第二年以幼虫越冬，第三年以成虫越冬。受土壤水分、食料等环境条件的影响，田间幼虫发育很不整齐，每年成虫羽化率不相同，世代重叠严重。老熟幼虫从8月上旬至9月上旬先后化蛹，化蛹深度以土下13~20 cm最多，蛹期16~20 d，成虫于9月上中旬羽化。越冬成虫在2月下旬出土活动，3月中旬至4月中旬为盛期。成虫白天躲藏在土表、杂草或土块下，傍晚爬出土面活动和交配。雌虫行动迟缓，不能飞翔，有假死性，无趋光性；雄虫出土迅速，活跃，短距离飞翔，飞翔力较强，黎明前成虫潜回土中（雄虫有趋光性）。成虫交配后，将卵产在土下3~7 cm深处。卵散产，一头雌虫产卵可达200余粒，卵期约35 d。雄虫交配后3~5 d即死亡；雌虫产卵后死去，成虫寿命约220 d。

由于沟金针虫雌成虫活动能力弱，一般多在原地交尾产卵，扩散为害受到限制，因此高密度地块1次防治后，在短期内种群密度不易回升。土壤湿度对其发生也有较大影响。当7—9月降水多时，土壤湿度大，对其化蛹、羽化有利，则发生较重。

◎ 细胸金针虫

多为两年完成1代，4—5月是为害盛期，成虫昼伏夜出，有假死性，对禾本科草类刚腐烂发酵时的气味有趋性。6月下旬至7月上旬为产卵盛期，卵产于表土内。在黑龙江省克山地区，卵历期为8~21 d。

幼虫要求偏高的土壤湿度，耐低温能力强，喜钻蛀和转株为害，在春雨多的年份发生重。

防治措施

（1）合理轮作，做好翻耕暴晒，减少越冬虫源。加强田间管理，清除田间杂草，减少食物来源。

（2）结合翻耕整地用药剂处理土壤。用50%辛硫磷乳油75 mL拌细土2～3 kg撒施，施药后浅锄；或用90%敌百虫晶体800倍液浇灌植株周围土壤进行防治。播种或定植时每亩用5%辛硫磷颗粒剂1.5～2.0 kg拌细干土100 kg撒施在播种（定植）沟（穴）中，然后播种或定植。也可用1.8%阿维菌素乳油3 000倍液、5%氟虫脲乳油4 000倍液等药剂灌根。

（3）采用灯光诱杀。利用沟金针虫的趋光性，于开始盛发和盛发期间在田间地头设置黑光灯，诱杀成虫，减少田间卵量。

第三节　甜菜象甲

分布范围　甜菜象甲属鞘翅目象甲科。甘肃省为害甜菜的象甲为普通甜菜象甲。

甜菜象甲以成虫咬食刚出土的甜菜幼苗，有的从子叶下端咬食嫩茎，造成缺苗断垄，严重时需毁种重播。幼虫可为害甜菜主根和侧根，造成块根畸形，地上叶丛生，绿色减退，外叶凋萎，内叶发黄，边缘卷曲。甜菜象甲还可为害玉米、烟草、向日葵、菠菜及藜科、苋科杂草。

形态特征

◎ 普通甜菜象甲

成　　虫　体长 12~16 mm，宽 4~6 mm。体黑色，密被灰土色鳞片而构成的斑纹。喙短，前端略膨大，背面中间有纵隆起，两侧凸现为沟，长为宽的 2 倍，触角和复眼均为黑色。鞘翅呈灰白色，中部及末端处各有 1 条边缘不清晰的黑褐色斜向宽带，每鞘翅有 10 条纵裂粗刻点，鞘翅后方各有 1 个白色瘤状凸起。

卵　长 1.3~1.5 mm，宽约 1 mm，椭圆形。

幼　　虫　老熟幼虫体长 10~15 mm，宽 5~6 mm。体呈弯弓形，无足，乳白色。头褐色，肛门口两侧各有刚毛 1 根，肛门后方横列刚毛 8 根。

蛹　体长 11.0~14.5 mm，体色淡黄色至黄红色。体节背面后缘有横列被刺。

◎ 甜菜黑象甲

成　　虫　体长 12~18 mm，宽 4.5~6.5 mm。身体底色为黑色，密被灰白色鳞片（出土后活动，鳞片极易脱落而呈黑色）。喙背面有 3 条纵脊。前胸背板具细小的刻点上着生有灰白色鳞片。左右鞘翅上各有 10 条纵裂刻点，刻点不深，雄虫前足第二、第三跗节有发达的海绵状跗垫，但不及前足的发达。雌虫前足跗节没有海绵状的毛垫。

卵　长约 1.6 mm，宽 1.0~1.4 mm，椭圆形。

幼　　虫　老熟幼虫平均体长 15 mm，头宽 2.9 mm。肛孔位 4 裂，其左右两片上各有刚毛 5 对。

蛹　体长 12～18 mm。腹部第三至第七节背板近后缘处各有被刺 6～7 对；第 8 节上有 3 对，越接近末节，被刺越明显。

生活史及习性　甜菜象甲均为 1 年 1 代，多以成虫在地下 15～30 cm 处越冬。越冬场所除甜菜地外，在生长茂密的藜科、苋科杂草的盐碱荒滩上虫口最多，比甜菜地多数十倍。此外，在苜蓿、苦豆子、甘草、骆驼刺、蒿类等草的根际也可越冬。除成虫以外，尚有少数幼虫在甜菜母根上越冬。

河西走廊越冬成虫一般 4 月上旬出土。因其越冬深度不同，故出土参差不齐，有延至 7 月下旬出土者。出土成虫先在杂草上取食，甜菜出苗后，象甲大量迁入，5 月上旬是为害盛期。出土成虫最喜取食刚出土的甜菜幼苗，2 片真叶前是甜菜受害的敏感期。

成虫取食后 8～9 d 开始产卵，此时为 4 月下旬至 5 月上旬。1 头雌虫产卵 70～200 粒。卵多产土下 1～4 cm 深处或附着在枯枝落叶上。5 月上旬开始孵化。初孵幼虫常潜伏于表土层为害接触地面的叶片，咬成圆形小孔。低龄幼虫常在甜菜根部周围 10～15 cm 处取食为害幼根。随着块根的生长，高龄幼虫一般多在 20～30 cm 处化蛹。当年秋季大部分羽化为成虫留在土室中越冬。

甜菜象甲成虫取食与温度有关，气温低于 8 ℃或高于 32 ℃，停止取食，隐藏于土缝中。气温 18～20 ℃时，飞翔求偶并大量取食为害。成虫飞翔力不强，多靠爬行，停食后可存活 60～70 d。

防治措施

(1) 合理布局,轮作倒茬。

(2) 秋耕冬灌,压低越冬虫口基数。

(3) 春季适时早播。

(4) 在甜菜象甲发生盛期,用40%乙酰甲胺磷乳油800倍液进行均匀喷雾,能够有效防治甜菜象甲的发生为害。

第四节 跳 甲

分布范围 甘肃省为害甜菜的跳甲主要是南方甜菜跳甲,属鞘翅目叶甲科,广泛分布在甘肃省各甜菜产区。跳甲主要为害甜菜以及灰藜等杂草。早期为成虫咬食甜菜的叶子及最初的几片真叶,造成无数小孔,日后小孔扩大并连成片,有时将叶片边缘咬成缺口。由于绿色叶片被为害,植株苗期生长大为减弱,尤其严重的是成虫喜咬食甜菜幼苗的顶芽和生长点,使被害幼苗逐渐枯死,因而造成大量缺苗。

形态特征

成 虫 体长1.7~2.2 mm,金黑色,有强烈反光。鞘翅上的刻点纵列成许多纵沟,前胸背板近后缘的两侧各有一个镰刀形凹线,沿后弦有一列粗刻点,两触角基部间额上有一明显的纵脊,复眼两侧附近有 5～6 个凸起，中后足胫节端部有凹陷，其上着生短毛。

卵 椭圆形，大小约为 0.45 mm × 0.15 mm，淡黄色。

幼　　虫 体长约 4.4 mm。头及胸足黄褐色，其余部分为黄色。无腹足，腹部末端一周有 10 根刚毛，端部生有 1 对短而弯曲的几丁质小刺。

蛹 白色，长约 1.8 mm。腹部末端有 1 对小刺。

生活史及习性 此虫在不同地区一年发生 1～3 代，但以 2 代为主，以成虫越冬。越冬场所为经秋翻的田块、地头、路边以及护田林带边缘的藜科以及蓼科杂草下，越冬代成虫生活时间甚长，一直与新羽化的一代成虫衔接，而最后一代成虫的取食一直延续到霜冻开始，所以在整个生长季节都能看到成虫的活动。

当早春气温在 3～4 ℃，积雪融化时，跳甲就开始活动；10 ℃时开始取食，13 ℃时大量发生，18～20 ℃时可以迁飞。在日间天气炎热时，成虫则离开植株飞到地面活动。每当春季干旱少雨时，跳甲异常严重；反之在空气湿润的年份，成虫活动减少。

当平均气温上升至 15～16 ℃时成虫开始产卵。卵产于寄主植物根附近 2～5 cm 土层深处或侧根上。产卵后成虫继续补充营养并重复交尾产卵。产卵期延续 1.5～3.0 个月，一生能产卵 260～300 粒。

跳甲的卵一般约经两周后孵化。幼虫在约 20 cm 的耕作层活动，取食寄主植物的细根。幼虫喜欢聚集在湿度 35%～40% 的土层中。幼虫取食 1 个月时做土室化蛹。在干旱的土壤里，蛹深 18～25 cm；而在较湿的土壤里，蛹在土层 2～5 cm 处。蛹期一般为两周。

防治措施

(1) 清除杂草，破坏成虫越冬场所和早春产卵基地。适当提早播种，可以减轻为害。苗期适当灌溉，可以抑制跳甲繁殖和为害。

(2) 可采用5%锐劲特（氟虫晴）悬浮剂0.3%进行拌种处理。

第五节 甜菜茎象甲

分布范围 黄色茎象甲与斑翅茎象甲，属鞘翅目象鼻虫科。在河西地区比较普遍。早期主要为害甜菜种株、菠菜种株、菠菜及藜科茎和叶柄，后转移到原料甜菜上为害叶柄。甜菜受伤轻者伤口很快愈合，形成黑色伤疤；受伤重者，植株内部营养汁液大量从伤口溢出，致使叶片萎缩。

形态特征

◎ 黄色茎象甲

成　　虫　体长8.5～12.0 mm，体狭长。喙筒状，细而长，复眼上下均有白色鳞毛。前胸背板及鞘翅黑色，其边缘为灰白色，正面观虫体四周有一白色边缘，侧面观虫体上部约2/5为黑色，下部约3/5为灰白色。

◎ 斑翅茎象甲

成　　虫　体长2.5～3.8 mm，体壁黑色。鞘翅由黄色和白色鳞片镶嵌成斑翅。喙极度弯曲，与前额相连处有一深的横沟。鞘翅不长，不覆盖腹部末端。

生活史及习性　在甘肃省成虫以土塘 15～30 cm 土层越冬，4月中下旬开始出土。早期出现的成虫，于 5 月上旬开始产卵，直到 8 月中旬，田间经常可以发现卵粒。前期产卵，在甜菜叶丛的外部；以后随着外部叶片的衰老，产卵部位转移至叶丛的内部，产卵前期成虫在寄主茎秆或叶柄上咬一个洞，然后产一粒卵在其中，产后在外部予以封闭，不久形成一黑色小瘤。卵粒散生，有时 3～4 粒排成一行。

6 月上旬可见初期孵化的幼虫。幼虫在叶柄后茎内上下蛀食，有时一叶柄内有幼虫 4～5 头，同时排出黑色虫粪，在柄外即见内部发黑。不久叶柄开裂，终至叶片枯萎。种株主茎被蛀食后易于折断，致使种子不成熟，所以幼虫为害胜于成虫。成虫受惊动，有落地假死的习性。

防治措施

（1）清除田间藜科杂草；幼虫为害初期，可适当灌水，在植株水分充足的情况下，能抑制幼虫在植株内的生长发育。

（2）化学防治可参考甜菜跳甲和甜菜象虫的防治方法。

第六节　甘蓝夜蛾

分布范围　甘蓝夜蛾属鳞翅目夜蛾科。该虫分布广，是甘肃省甜菜生产上的主要害虫。以幼虫咬食甜菜叶片，发生多的年份可将叶片全部吃光，仅剩叶脉；还为害块根根头，影响产量及含糖量；甘蓝夜蛾是杂食性害虫，也可为害甘蓝和白菜等。

形态特征

成　　虫　体长 18～20 mm，翅展 40～50 mm。前翅灰褐色，亚外缘线白色，外横线和亚基线为黑色波纹状。肾状纹灰白色，其外缘白色，与环状纹较接近。楔形纹圆大，位于环状下内方，近翅顶角前缘有 3 个小白点，后翅灰色，基半部色淡。

卵　半球形，底径 0.6～0.7 mm，初产时黄白色，2～3 d 后变灰黑色，顶端深红色，至孵化前卵全部呈紫黑色。

幼　　虫　有 6 个龄期。老熟幼虫体长约 40 mm。个别特大者可达 50 mm。幼虫体色及腹足随龄期的增大而发生很大变化。一般头部黄褐色，体背暗褐色至黑褐色，腹部淡褐色，背部各节有 2 个马蹄形斑纹。

蛹　长 20～24 mm。赤褐色至深褐色。蛹腹末端有臀刺 2 根，末端略为膨大呈喇叭状。

生活史及习性 甘蓝夜蛾一般一年发生3代，个别地区一年发生1~2代，以蛹在甜菜、白菜、甘蓝及其他十字花科植物地下5~15 cm土层中越冬，第二年5月下旬或6月初气温升高时，越冬蛹开始羽化成虫，与黄地老虎羽化出土时间相一致。6月中下旬为第一代成虫发生盛期，也是成虫产卵盛期，7月下旬成虫逐渐减少。第二代成虫发生盛期和产卵盛期是在8月上中旬，8月下旬为幼虫发生盛期。一般情况，第二代幼虫发生数量比第一代多。第二代蛹在9月上旬开始羽化，9月下旬第三代幼虫继续为害甜菜和甘蓝。

成虫昼伏夜出，对含糖量高的糖醋液有很高的趋性，对黑光灯趋性弱。成虫产卵一般产在叶背，卵排列整齐成块状，不重叠。每块平均140~150粒。每头雌蛾产卵5~6块，总产量为500~1 000粒。生长高大茂盛的植株卵量多。

卵的发育最适温度为23.5~26.5 ℃，历期4~5 d。

初孵化幼虫常集中在叶片背部取食，3龄后迁移分散为害，4龄后白天多潜伏在叶心、叶背或土中，不取食，夜间暴食。幼虫4~6龄为暴食期。在食料缺乏时，可成群迁移。适温下幼虫发育历期20~30 d。老熟幼虫吐丝形成带土的粗茧，并在其中化蛹，入土深度一般为6~7 cm。

甘蓝夜蛾是一种间歇性局部大发生害虫，其发生程度与环境条件密切相关。

温湿度是影响其发生的重要因素，日平均气温18~25 ℃和相对湿度70%~80%对甘蓝夜蛾生长发育最有利。若温度低于15 ℃或高于30 ℃、湿度低于68%或高于85%，不利于此虫生长发育。如当室温达到25 ℃以上时，饲养幼虫食欲减退，体躯发软，发育不正常，大批感病。土壤温湿度直接影响成虫羽化，如土壤含水量达16%~19%，气温在21 ℃以上，不能正常羽化的比例为56.2%。雨量大小直接影响着湿度和温度，对甘蓝夜蛾的发生也有很大的影响。春秋两季雨水较多的年份，虫害较猖獗，干旱少雨的年份为害轻微。在夏季，高温干旱或高温高湿均对该虫的繁盛十分不利。

此外，天敌也是影响其发生的因素之一，卵期天敌有寄生蜂和草蛉；幼虫和蛹期天敌有寄生蝇、寄生蜂和寄生菌。

防治措施

（1）秋耕冬灌，铲除杂草，清洁田园，可消大量越冬蛹，减少翌年虫口基数。

（2）利用成虫的趋向性，用糖醋液进行诱杀，亦可用甘蓝夜蛾性诱剂进行诱杀。

（3）人工采卵和捕杀幼虫。甘蓝夜蛾的卵为块状，低龄幼虫也有群集取食的习性，在田间易发现，结合田间管理，适时摘除卵及初孵化幼虫的叶片并带出田外，可消灭大量卵块和幼虫。

（4）当田间卵块80%以上孵化，大部分幼虫2~3龄，为防治适期。可用2.5%功夫（氯氟氰菊酯）乳油、20%速灭杀丁（氰戊菊酯）乳油、2.5%敌杀死（溴氰菊酯）乳油等菊酯类杀虫剂2 500~3 000倍液，5%锐劲特（氟虫腈）悬浮剂2 000倍液喷雾防治。

第七节 旋幽夜蛾

分布范围 旋幽夜蛾，属鳞翅目夜蛾科。寄主植物较多，喜食藜科植物，如甜菜、菠菜、灰藜、野生白藜等，还为害甘蓝、白菜、大豆、胡麻等作物。以幼虫蚕食甜菜叶片，苗期大发生时，能将幼嫩叶片吃光，并破坏生长点，致使全株死亡。老龄幼虫暴食外叶和咬毁心叶，严重时可将叶片全部吃光，只剩下叶脉和叶柄，造成减产，严重时减产25%～30%。

形态特征

成　　虫 体长12～18 mm，展翅30～40 mm。全体灰褐色。前翅前缘有3对黑白相间的刻斑，全缘顶角有3个等距离的小白点；基线、内线均呈双线黑色波浪形；剑纹短小，褐色，黑边；环纹斜圆形，黄色，黑边，肾纹大，中央有黑褐纹，黑边；外线黑，锯齿形；亚短线灰黄色，在第三中脉和第三肘间有明显的"W"纹。后翅白色带污褐色，翅脉及段呈暗褐色。

卵 扁圆形，直径0.56～0.70 mm，顶部有球状乳凸，表面有纵纹40条左右，无横格。

幼　　虫 老龄幼虫大部分为黄色，气门线呈紫红色宽带，具黄边，各体节亚被线处有黑色短直纹，形成倒"八"字形。幼虫的体色受环境的影响较大,当虫口密度较大时,多数个体呈紫褐色至黑褐色,甜菜苗期田干燥情况下个体呈紫色。

蛹 体长13～14 mm,赤褐色,腹部5～7节,背面具刻点,腹末有臀刺2根,短刺6根。

生活史及习性

◎ 生活史

旋幽夜蛾在河西地区1年可以完成1～4代(主要为2代),其中第二、第三代的蛹有50%～70%发生滞育,当年不再羽化。第一代幼虫发生数量大,为害重;第二代发生数量少,为害轻;第三代、第四代田间发生量极少,一般不造成田间为害。黑光灯诱蛾也表明,除越冬成虫黑光灯下,蛾峰较明显,诱蛾量大外,其余各代均不明显。初步认为造成越冬代成虫第一代幼虫发生大量、世代不明显以及重叠现象严重的主要原因是此虫蛹的滞育习性引起的,这一习性也是造成此虫年际间歇大发生的原因之一。

旋幽夜蛾以蛹在土壤中越冬,越冬代成虫翌年4月开始羽化,5月上旬进入羽化高峰期,一般2～3个羽化高峰日。第一代成虫蛾峰出现在6月下旬,第二代蛾峰出现在7月下旬,第三代无明显蛾峰。旋幽夜蛾第一代出现在5月上中旬,5月中旬在甜菜上大量产卵,下旬幼虫大量孵化,5月下旬至6月上旬是为害盛期。6月上中旬为第二代为害盛期。第三代、第四代幼虫为害很轻,世代不明显。

◎ 生活习性

成　　虫 大多数成虫在下午及傍晚羽化,成虫羽化时需取食花蜜补充营养。正常雌蛾羽化 1 d 后即可交尾，交尾一般在 7：00 开始，交尾历时第一代为 19～26 min，第二代为 30～40 min，雌虫交尾后 1～2 d 即可产卵，卵散产，主要产于寄主叶片的背面，夜间产卵。越冬代成虫在 18～19 ℃下产卵量为 152～1 086 粒，平均（458±98）粒。第一代成虫在 25 ℃下产卵为 479～1 242 粒，平均（745±130）粒。成虫在开始产卵后第三天达到产卵高峰，5 d 内即可产完，最长为 7 d。逐日产卵量占总产卵量的 20.6%、22.6%、25.9%、20.7%、10.2%。雄虫寿命平均为（5.87±3.96）d，雌虫寿命（6.33±5.39）d，平均寿命（6.10±3.43）d。雌雄比例为 1：1.3。成虫昼伏夜出，具有很强的趋光性，用黑光灯诱集，一夜最多能诱集 200 头以上。

旋幽夜蛾越冬代成虫的产卵习性　旋幽夜蛾越冬代成虫产卵寄主有灰藜、甜菜、三叶草、田旋花和野苋菜等。虽然甜菜在样点种的总株数最高，但是总着卵量和着卵量却只有灰藜的 1/3。从某种意义上讲，甜菜田中灰藜密度的大小决定了旋幽夜蛾田间数量。

根据田间实际调查，第一代卵约有 70% 产于田间杂草上，产于甜菜上的只有 30%。经测定甜菜田间杂草上（也是旋幽夜蛾产卵的主要寄主），其分布型均为聚集分布。可以认为甜菜田间杂草密度是影响旋幽夜蛾产卵空间分布型变化的主要因素，各种杂草的平均密度低，旋幽夜蛾卵的数量也相应降低，其分布也转化为均匀分布。田间杂草密度升高，旋幽夜蛾的卵分布的聚集程度也随之增加，说明旋幽夜蛾卵的聚集是由环境条件所引起的，即甜菜杂草密度的变化是影响旋幽夜蛾卵聚集强度变化的主要原因，田间杂草密度和聚集强度与卵的聚集强度呈正相关。

可见，旋幽夜蛾的卵的分布型及田间平均密度与杂草的分布型及田间密度密切相关。

卵 卵一般在10：00—12：00时孵化，孵化率97.6%。

幼　虫 1～3龄幼虫具吐丝习性，昼夜在叶片上取食，但取食量小。4～5龄幼虫为暴食期，昼伏夜出，取食叶片、生长点和叶轴部，造成叶片残缺不全或新叶皱缩，推迟发育，严重者叶片被吃光或生长点损坏。室内饲养发现，幼虫蜕皮后即将蜕的皮吃掉，仅留头壳。单头饲养的虫基本上为蓝绿色，集体饲养的大部分为深褐色，田间调查基本为蓝绿色。

蛹 老熟幼虫在甜菜根际土中6～7 cm深处做土室化蛹，初蛹期为淡绿色，数小时后变为浅褐色，1 d后变为红褐色，头部略带绿色，各代蛹均有部分发生滞育。

◎ 生态学特性

旋幽夜蛾生长发育与温度的关系 据室内饲养观察和田间调查，旋幽夜蛾随温度的变化其发育的速率有所不同，一般早春第一代历期最长，随温度升高，第二、第三代逐渐缩短。第一代蛹在室温（23.0±0.5）℃条件下历期为13.5 d，25 ℃下为12 d。成虫在25 ℃条件下寿命为（7.7±0.8）d。第二代蛹在室温24 ℃条件下历期为13 d。室内饲养结果表明第一代完成一代历期为43.3～50.4 d，而第二代完成一代为41.3～44.7 d。随温度升高各虫态发育历期缩短。

旋幽夜蛾的发育历期与食料的关系 用灰藜叶片和甜菜叶片同时饲养旋幽夜蛾，取食灰藜叶片的幼虫发育历期为（25.6±2.5）d，而取食甜菜的为（23.9±1.6）d，取食甜菜比取食灰藜的幼虫历期短，说明旋幽夜蛾取食灰藜能较好地完成生活周期，但甜菜更有利于旋幽夜蛾生长发育。

室内室外进行幼虫单头饲养观察，以5～6龄幼虫取食量最大，占一生总食量的83%，可称为暴食期。

防治措施

（1）秋耕冬灌，可消灭大部分越冬蛹，减少翌年虫口基数；加强田间管理，及时铲除、减少产卵寄主，可大大降低田间虫口密度，减轻为害。

（2）利用该虫的趋光性，可以放置黑光灯进行诱杀。

（3）此虫暴食期短，但来势凶猛，所以必须加强虫情调查，做好虫情测报。该虫防治期应掌握在1～3龄幼虫发生盛期。当甜菜苗期百株幼虫达17～20头、成株期百株幼虫达170～200头时，可用20%百树得（氟氯氰菊酯）乳油2 000倍液、2.5%功夫（氯氟氰菊酯）乳油2 000～2 500倍进行喷药防治。

第八节　甜菜潜叶蝇

分布范围　甜菜潜叶蝇属双翅目花蝇科。甘肃省各地均有发生，主要为害甜菜、菠菜、法国菠菜以及灰藜等藜科植物，还可取食天仙子。幼虫孵化后立即潜入叶片组织内取食叶肉隧道弯曲连片，使叶片仅剩下表皮，被害处呈水泡状，内常有虫粪，抑制幼苗生长，严重时全叶枯萎，甚至全株死亡。对产量有一定影响。留种甜菜也遭为害，降低种子产量和质量。

形态特征

成　　虫　体长 5~8 mm，灰黄色；头半圆形，复眼赤褐色。雄虫两复眼相距甚近，雌虫两复眼显著分开。触角第一、第二节赤褐色，第三节黑色。触角刺毛尖秃，黄色。腹背中央黄褐色纵纹，各节后缘有淡黄色纹，各足腿节和胫节黄褐色，跗节黑色。

卵　椭圆形，白色，表面有不规则的六角形网纹。

幼　　虫　老熟幼虫虫体 7.5~9.0 mm，黄白色，长圆形。无足。头部不明显，口钩三角形，有 4~6 个齿。前气门一对成扇状。腹部末节边缘有 7 对凸起。背面有 6 对以后气门为中心排列成圆形，另 1 对则在腹面肛门的两侧。

蛹　长约 5 mm，赤褐色，椭圆形。前端较窄，后端较平，具有稍凸起的后气门孔。

生活史及习性

潜叶蝇在河西地区发生 2~4 代。以蛹在土壤中越冬，5 cm 深土层中数量最多，最深不超过 10 cm。于 4 月下旬、5 月上旬羽化为成虫。越冬代成虫首选在灰藜上产卵，随即在甜菜、菠菜上产卵。第一代产卵生产期在 5 月中旬。第二代主要产在甜菜上，生产期在 6 月中旬。由于此虫喜温暖湿润的环境，高温干燥的夏季，幼虫大量死亡，特别是大批虫蛹滞育，致使夏季世代发生量很少。秋季由于气温较低，又出现较多的成虫，其后幼虫主要为害甜菜。由于成虫在日平均气温低于 10 ℃停止产卵，因此幼虫数量有限。加上上年各代滞育的蛹于翌年春季集中在一起羽化，故成虫多，是一年中为害最严重的阶段。

潜叶蝇成虫产卵在植物叶背，卵排列成堆，常有 2~15 粒，以 3~8 粒为多，极少单粒。潜叶蝇卵期和幼虫期的长短随温度而定，卵期 20~25 ℃时 1~3 d，16~20 ℃时 3~4 d。幼虫期 8~10 ℃时 25~30 d，10~15 ℃时 16~25 d，15~18 ℃时 11~16 d，18~24 ℃时 7~10 d。幼虫可耐比较低的气温。8 ℃时仍可发育，但超过 25 ℃时死亡率高。幼虫脱皮两次共 3 龄，老熟后入土化蛹，个别则留在叶内化蛹，蛹期为 12~19 d。各代均有部分蛹滞育休眠，翌年才羽化。潜叶蝇天敌很多，赤螨、绒螨的成虫可吸食卵粒，使卵粒干瘪。幼虫和蛹也有多种寄生蜂寄生。

防治措施

（1）甜菜、菠菜收获后，进行秋耕冬灌，以杀灭虫蛹。甜菜要尽早播种，并加强田间管理，促进植株迅速生长，减轻幼虫为害。使用粪肥要充分腐熟，并埋入土下，以减少对成虫的诱导。

（2）用糖醋液诱集成虫。

（3）幼虫孵化盛期可喷洒 90% 敌百虫晶体 2 000~3 000 倍液、2.5% 功夫（氯氟氰菊酯）乳油 2 000 倍液、1.8% 阿维菌素乳油 2 000 倍液等药剂。

第九节 李氏瓢虫

分布范围 李氏瓢虫属鞘翅目瓢虫科。主要为害甜菜、菠菜以及灰藜等藜科杂草。早春在靠近盐碱滩的甜菜地,以成虫取食甜菜的幼苗叶片,严重时可将叶片吃光,仅留叶柄。5月上旬菠菜抽薹开花之际,或6月初种株甜菜开花之时,成虫成群飞迁到甜菜和菠菜的花上,为害花序及球果,影响种子产量。残留的受伤部位变成焦黑色疤痕,不能结实,能结实的发芽率也很低。

形态特征

成　　虫　体长3.5～5.5 mm,体形近似半粒豌豆。头及前胸背板淡黄色,鞘翅淡红色至橙黄色。鞘翅上有18个斑点,小盾片上有1个圆点。在鞘翅缝合处的两侧各有一细微的纵线。

卵　淡黄色,长椭圆形,长约1 mm。

幼　　虫　稍带黄色,长8～9 mm。

蛹　黄色,长4～6 mm。

生活史及习性　以成虫在土壤中越冬。4月下旬在盐碱地已枯死的灰藜丛中,群集大量的成虫,有时在碱缝里发现大量成虫,取食水分充足的植物,同时排出大量黑色细条状的虫粪。成虫取食以白天最盛,早晚天凉时则静止在植株上或新萌芽大散生苜蓿丛下,成虫有假死性。

5月下旬，在菠菜的叶面上可见卵粒。卵直立，6~7粒相聚成块，卵期5~6 d，除甜菜、菠菜外，在田边、地头的藜科植物以及盐碱荒地上，经常可见该虫，特别是在灰藜开花结实期间，取食花和种子。

防治措施

（1）清除藜科杂草，主要是田间地头间的藜科杂草要清除干净。适当提早播种，提早采收种子可以减轻为害。

（2）利用成虫受惊假死坠落的习性，在留种株上振落成虫的办法，具体是先在桶内盛水，水面洒一层薄油，再振动植株，使成虫落入桶内即可淹死。在杂草上采用网捕成虫的办法。

（3）可用2.5%敌杀死（溴氰菊酯）乳油或20%速灭杀丁（氰戊菊酯）乳油2 000~2 500倍液喷雾防治。

第十节　甜菜叶螨

分布范围　叶螨属蛛形纲螨目叶螨科。在甘肃省为害甜菜的叶螨种类较多，有朱砂叶螨、土耳其斯坦叶螨、二斑叶螨、截形叶螨，河西地区以朱砂叶螨为主。叶螨主要为害叶片，受害后的叶片失绿，向背面卷曲，受害严重叶片干枯死亡。影响植株的正常发育。在河西地区，于7月中旬开始为害，8月下旬为害达到盛期。一般田块为点片发生。

形态特征（朱砂叶螨）

雌　　螨　体长约483 μm，喙长约70 μm，体宽约322 μm，体椭圆形，锈红色或深红色，须肢端感器长约为宽的2倍；背感器梭形，与端感器近于等长。口针鞘前端圆钝，中央无凹陷，气门沟末端呈典型的"U"形弯曲，后半体背表皮纹梭形。肤纹突呈三角形至半圆形。被毛正常。各足爪间突开裂3对针状毛，足Ⅰ跗节和胫节的毛数经常有变异，一般足Ⅰ跗节双毛近基侧有4根触毛和1根感毛；胫节一般具有9根感毛。足Ⅱ跗节双毛近基侧具3根触毛和1根感毛，另一触毛在双毛近旁；胫节有7根触毛，足Ⅲ跗节有9根触毛和2根感毛，胫节有6根触毛。足Ⅳ跗节有10根触毛和1根感毛。胫节有7根触毛。

雄　　螨　体长约359 μm（含喙），宽约195 μm。须肢端感器长约为宽的3倍，背感器稍短于端感器。足Ⅰ跗节爪间突呈1对粗爪状，其背面具粗壮的背距，足Ⅰ跗节双毛近基侧有4根触毛和3根感毛，胫节有9根触毛和4根感毛。足Ⅱ跗节双毛近基侧有3根触毛和1根感毛，另一根触毛在双毛近旁，胫节有7根触毛。足Ⅲ、足Ⅳ跗节和胫节的毛同雌螨。

生活史及习性　朱砂叶螨1年发生10代左右，多以雌成虫潜伏在本田的枯枝落叶、土缝、土块下渠边杂草根际处群集越冬。翌年春，当气温大于7 ℃时，越冬螨开始出蛰，在萌发杂草（蒲公英、苦荬菜、苍耳、灰藜、旋花等）上产卵、繁殖。该螨可以交配繁殖后代，也可进行孤雌繁殖。雌虫产卵于叶背主脉两侧或丝网下，一生可产卵113～206粒，卵期为7～10 d（早春）或2～3 d（夏季）。当温度、湿度适宜时7～13 d可以完成一代。成虫除爬行外，亦可吐丝坠地后四处扩散蔓延。前期干旱少雨气候，利于提前发生，7—8月气温达25～27 ℃、空气相对湿度达到40%～50%时可大量繁殖，为害猖獗，往往蔓延成灾。

防治措施

（1）彻底清除田间及地头渠边的杂草；作物收获后，清除残枝落叶；秋季深翻地、冬灌破坏越冬场所；加强田间管理，提高田间湿度能降低虫口密度，减轻为害。加强虫情调查，将虫害及时控制在点片阶段。

（2）可选用20%螨克（双甲脒）乳油1 500～2 000倍液、5%尼索朗（噻螨酮）乳油1 500～2 000倍液、20%哒螨灵（哒螨酮）乳油1 500倍液进行防治。

第十一节　甜菜龟叶甲

分布范围　甜菜龟叶甲属鞘翅目龟甲科。黑龙江、甘肃、内蒙古、东北等地区甜菜均有发生。龟叶甲以成虫、幼虫聚集于叶片上取食，咬成孔洞，影响植株生长。寄主为甜菜、藜、苋等。

形态特征

成　虫　体长 6~7 mm，宽约 5 mm，形同龟壳。前胸背板及鞘翅的边缘均向外延展，远远超过身体的宽度，故头及身体均被覆盖，在背面不能看到。前胸背板及鞘翅锈黄色，略带绿色。上有很多不规则的小黑斑。鞘翅上有大刻点，形成 9 条纵沟。腹面全黑色。头、触角基部、腹板侧面与后缘均为黄褐色，唯腿节有黑斑，小盾片与鞘翅同色，其两侧有微沟。

卵　椭圆形，块形，每块有卵 10~15 粒并附有黏液，凝结成半透明的薄膜状物。

幼　虫　末龄幼虫体长 8 mm 左右，黄绿色，头部宽尾部细，两侧周生小刺 17 对，后面接近尾部的 1 对最长。

蛹　长约 6 mm，黄绿色。

生活史及习性　甜菜龟叶甲 1 年发生 1~2 代，以成虫在 15~30 cm 土层中越冬。成虫出土后，产卵于滨藜及藜的叶片上面或下面，卵成块，每块 10 余粒，表面由黏液凝结成薄膜状，每虫约产卵 200 多粒。初孵化的幼虫以藜叶为食物，以后迁移到甜菜地为害甜菜。也可为害莴苣等作物，幼虫期达 14~28 d，后裸露化蛹于叶片上。

防治措施　参考甜菜跳甲。

第十二节 红蜘蛛

分布范围 红蜘蛛属蜱螨目叶螨科。甘肃省甜菜生产田普遍发生,特别是气候干燥的年份幼苗期就有发生。红蜘蛛个体小,世代短,发育快,发生量大,分布范围广,食性杂,极易产生抗药性,可为害蔬菜、花卉、果树、杂草等110多种经济作物和观赏植物。为害初期叶片长出黄褐色小斑点,叶片背面出现红色斑块且比较大,后期症状为叶片卷缩、枯黄、脱落等,整株叶片枯黄泛白。

形态特征

卵 圆球状,光滑。直径 0.10~0.12 mm,以无色或白色为主。多产于叶背主脉两侧,有些为害严重的产于叶表和叶柄等处。越冬卵红色,非越冬卵淡黄色,数量较少。

幼螨 呈半球状,体长约 0.15 mm,足 3 对,越冬代幼螨红色,非越冬代幼螨黄色。体背有染色块状斑纹。

若螨 椭圆形,长约 0.2 mm,足 4 对,体侧出现明显黑色斑点。

成螨 雌成螨体形椭圆形,体色常随寄主而异,多为朱红色或锈红色,肤纹呈突三角形至半圆形,体背两侧各有 1 对黑褐色斑纹。雄成螨比雌成螨小,菱形,红色或淡绿色。背毛 13 对,体末端稍尖。背缘突起，两角皆尖。

生活史及习性 红蜘蛛繁殖力强，一年发生多代，发育速度快，周期短，两性、孤雌均可繁殖，适应性强，传播方式广。以卵越冬，越冬卵一般在3月初开始孵化，4月初全部孵化完毕，越冬后1~3代主要在地面杂草上繁殖为害，4代以后即同时在枣树、间作物和杂草上为害，10月中下旬开始进入越冬期。卵主要在枣树干皮缝、地面土缝和杂草基部等地越冬，3月初越冬卵孵化后即离开越冬部位，向早春萌发的杂草上转移为害，初孵化幼螨在2 d内可爬行的最远距离约为150 m，若2 d内找不到食物，即可因饥饿而死亡。4月下旬，当枣树萌发时，地面杂草上的部分枣红蜘蛛开始向树上转移为害枣树，转移的主要途径是沿树干向上爬行。枣红蜘蛛的各个活动虫态均可转移。

防治措施

（1）清洁田园。秋末将田间残株落叶烧毁或沤肥，减少红蜘蛛越冬场所。开春后种植前清除田内、田边残余的枝叶及杂草，以消灭在其内越冬的虫源。

（2）加强田间管理。特别是在天气干旱时，注意灌溉并结合施肥，促进植株健壮生长，增强抵抗力。

（3）采用20%螨死净悬浮剂2 000倍液、20%双甲脒乳油1 000倍液、5%氟虫脲乳油1 000~1 200倍液等均有防治效果。若将新高脂膜剂添加到杀虫剂中，可以达到很好的效果。

第十三节 草地螟

分布范围 草地螟属鳞翅目螟蛾科。又名甜菜网螟、网锥额蚜螟。草地螟是一种间歇性、暴发性发生、为害严重的害虫。可取食30余科、200余种植物。主要为害甜菜、大豆、向日葵、马铃薯、麻类、蔬菜、药材等多种作物。大发生时禾谷类作物、林木等均受其害。但它最喜取食的植物是灰菜、甜菜和大豆等。2龄前幼虫的食量很小，仅在叶背取食叶肉，残留表皮，3龄以后幼虫食量逐渐增大，可将叶肉全部食光，仅留叶脉和表皮。

形态特征

成　　虫　淡褐色，体长8～10 mm，前翅灰褐色，边缘有一淡黄色条纹，翅中央近前缘有一深黄色斑，顶角内侧前缘有不明显的三角形浅黄色小斑。后翅也呈灰褐色，外缘有一黄白色波状纹。后翅浅灰黄色，有两条与外缘平行的波状纹。

卵　椭圆形，长0.8～1.1 mm，宽0.4～0.5 mm。为多粒串状黏成复瓦状的卵块。

幼　　虫　老熟幼虫16～25 mm，体褐绿色，头黑色，有明显的白斑，有3条黄色纵纹。

蛹　蛹长8～15 mm，黄褐色。背部各节有14个赤褐色小点，排列于两侧,尾刺8根。

蛹被口袋形的茧包住,直立于土表下。

生活史及习性　草地螟分布于我国北方地区,在甘肃省河西地区发生2～3代,5月下旬至6月中旬为越冬代成虫,6月中旬为第一代幼虫,7月中旬至8月中旬为第一代成虫,9月上中旬为第二代幼虫。成虫白天潜伏在草丛或作物田内,如遇惊扰,常作近距离飞移,夜间取食、交尾、产卵。其具强烈的趋光性,尤其是对黑光灯、白炽灯趋性更强,无趋化性。

防治措施　同甘蓝夜蛾。

第十四节　华北蝼蛄

分布范围　华北蝼蛄属直翅目蝼蛄科。甘肃省时有发生。为杂食性害虫,主要为害玉米、麦类、高粱、水稻、甜菜、烟草、薯类、瓜类、蔬菜及苗木等。蝼蛄成虫、幼虫在土中开掘隧道,造成作物根部与土层分离而死亡,同时咬食植物种子和近地面的幼苗嫩根、茎等,使被害处呈丝状残缺,常常引起缺苗断垄。

形态特征

成　　虫　雌虫体长45～55 mm,雄虫体长36～45 mm,前翅短,翅长为14～16 mm,覆盖腹部不到1/3,后翅纵卷成筒状,伸出覆膜外，翅长为 30～35 mm。前胸宽 7～11 mm，体黄褐色，密生细毛。前胸背板发育为盾形，中央有一心脏斑纹。前胸为开掘足式，后足胫节背面内侧有刺 1 个或消失。

幼　　虫　初龄幼虫乳白色，复眼淡红色，蜕皮 1 次后变为浅黄色，5～6 龄后体色同成虫。

若　　虫　初孵化若虫头、胸特别细腹部很肥大，全身乳白色。复眼淡红色，以后颜色逐渐加深，5～6 龄后基本与成虫体色相同。若虫共分 13 龄，初龄体长 3.6～4.0 mm，末龄体长 36～40 mm。

卵　长 1.6～1.8 mm，宽 1.1～1.3 mm。椭圆形。初产时为白色，有光泽，后变为黄褐色。

生活史及习性　华北蝼蛄完成一个世代需 3 年左右，以成虫和 8 龄以上幼虫在土中越冬，土层深度可达 100 cm。翌年 3—4 月，当日平均气温为 2.3～6.9 ℃、20 cm 土层地温达 2.3～5.4 ℃时成虫、幼虫上升为害（春季苏醒为害期）作物，5—6 月为害最重。越冬成虫于 6—7 月交配产卵，一般多选择在轻盐碱地土深 10～15 cm 做椭圆形卵室，卵室上方另挖一运动室，卵室下方又挖一隐蔽室。每一个卵室有卵 50～85 粒，每头雌虫可产 120～160 粒，卵期为 20～25 d。初孵幼虫最初较集中，以后分散活动，至秋季 8～9 龄上升为害；12～13 龄，日平均气温为 12.5～18.0 ℃、20 cm 土层温度为 15.2～19.9 ℃时，成虫、幼虫再次上升为害，为一年中第二次为害高峰期（9—10 月），随后又入土越冬。第三年春再次上升为害，直至 8 月才开始羽化为成虫，上升为害后，即以成虫越冬。

蝼蛄营穴居生活，昼伏夜出，虽有趋光性，但体形大，飞翔力差，灯下诱捕较少，喜温暖湿润、含腐殖质的土壤，特别喜未腐熟的厩肥和马粪。春秋两季气温在 16~20 ℃，土温在 20~25 ℃、土壤湿度在 22%~27% 时最活跃。

防治措施

（1）耕翻、中耕、灌水可杀伤一部分蝼蛄。使用腐熟厩肥可减轻为害。

（2）在羽化期间，可用黑光灯诱捕。黑光灯的下端离地约 50 cm 为宜，晴朗无风闷热天气诱量大。

（3）用 90% 敌百虫晶体 1 kg 加水 10 kg，拌饵料 100 kg（油渣、麸皮等）拌混均匀，配成毒饵。傍晚将毒饵撒在隧道旁，每公顷 30 kg 左右。

（4）在条田四周或者中间每隔 20 m 挖小土坑，小坑按梅花形排列，内放马粪或鲜菜，加上毒饵更好，次晨可到坑内集中捕杀。

（5）保护食虫鸟类，以利消灭害虫。

第三章
甜菜田间常见杂草

第一节 稗草

特征特性

稗草是一年生草本。秆直立,基部倾斜或膝曲,光滑无毛。叶鞘松弛,下部者长于节间,上部者短于节间;无叶舌;叶片无毛。圆锥花序主轴具角棱,粗糙;小穗密集于穗轴的一侧,具极短柄或近无柄;第一颖三角形,基部包卷小穗,长为小穗的1/3~1/2,具5脉,被短硬毛或硬刺疣毛,第二颖先端具小尖头,具5脉,脉上具刺状硬毛,脉间被短硬毛;第一外稃草质,上部具7脉,先端延伸成1粗壮芒,内稃与外稃等长。形状似稻但叶片毛涩,颜色较浅。稗草属于恶性杂草。

防治措施

◎ 物理防治

甜菜出苗后两对真叶时,用深松犁在膜间空沟松土1次;6~8片真叶时,用深松覆土机深松空沟、膜面覆土压草,同时封闭播种孔;甜菜封垄前人工拔除膜面杂草。

◎ 化学防治

(1)芽前封闭除草。播种前2~5 d使用金都尔(精异丙甲草胺)1 050~1 200 mL/hm^{2}进行土壤封闭处理。注意:沙土地用下限药量,黏土地用上限药量,随后混土,5~7 d后播种。大水漫灌出苗的甜菜地不宜使用金都尔进行土壤封闭。

(2)喷施除草剂。使用28%的高效氟吡甲禾灵225 mL/hm^2,兑水进行喷雾。

第二节 反枝苋

特征特性

一年生草本植物。别名苋菜、野苋菜。分布区域较广,属于油菜田常见草害。茎直立,高20~80 cm,有分枝,密生短柔毛。叶互生有长柄;叶片卵形至椭圆状卵形,先端稍凸或略凹,有小芒尖,两面和边缘具柔毛。花序圆锥状,顶生或腋生,花簇刺毛多;花白色，5被片，具浅绿色中脉1条。胞果扁球形包在花被里，开裂。种子圆形至倒卵形，表面黑色。

主要生长在油菜田、路边或荒地。对环境具有极强的适应性，几乎到处都能生长，但不耐阴，属于喜光照植物，在密植的油菜田中生长发育不好。种子发芽适温15～30 ℃，土层内出苗深度0～5 cm。

防治措施

◎ 物理防治

甜菜出苗后2对真叶时，用深松犁在膜间空沟松土1次；6～8片真叶时，用深松覆土机深松空沟、膜面覆土压草，同时封闭播种孔；甜菜封垄前人工拔除膜面杂草。

◎ 化学防治

（1）芽前封闭除草。播种前2～5 d使用金都尔1 050～1 200 mL/hm^{2}进行土壤封闭处理。注意：沙土地用下限药量，黏土地用上限药量，随后混土，5～7 d后播种。大水漫灌出苗的甜菜地不宜使用金都尔进行土壤封闭。

（2）喷施除草剂。使用21%的安宁乙呋黄4 500 mL/hm^2，兑水进行喷雾。

第三节 冰 草

特征特性

多年生禾本科草本植物,秆成疏丛,上部紧接花序部分被短柔毛或无毛,高20~60(~75)cm,有时分蘖横走或下伸成长达10 cm的根茎。叶片长5~15(~20)cm,宽2~5 mm,质较硬而粗糙,常内卷,上面叶脉强烈隆起成纵沟,脉上密被微小短硬毛。穗状花序较粗壮,矩圆形或两端微窄,长2~6 cm,宽8~15 mm;小穗紧密平行排列成两行,整齐呈篦齿状,含(3~)5~7小花,长6~9(~12)mm;颖舟形,脊上连同背部脉间被长柔毛,第一颖长2~3 mm,第二颖长3~4 mm,具略短于颖体的芒;外稃被有稠密的长柔毛或显著地被稀疏柔毛,顶端具短芒长2~4 mm;内稃脊上具短小刺毛。

主要分布于中国西北、华北及东北等地,在蒙古国、俄罗斯和中亚一些国家也有分布。冰草寿命长,耐寒性强,喜欢疏松、肥沃的沙质土壤,种子在零下低温下也可发芽,根系发达,与作物争水、争肥、争光、争空间,使葡萄、苗圃葡萄苗、农作物生长不良,并影响成株产量。冰草繁殖主要通过根茎和种子繁殖。

防治措施

◎ 物理防治

甜菜出苗后2对真叶时,用深松犁在膜间空沟松土1次;6~8

片真叶时，用深松覆土机深松空沟、膜面覆土压草，同时封闭播种孔；甜菜封垄前人工拔除膜面杂草。

◎ 化学防治

（1）芽前封闭除草。播种前2～5 d使用金都尔1 050～1 200 mL/hm²进行土壤封闭处理。注意：沙土地用下限药量，黏土地用上限药量，随后混土，5～7 d后播种。大水漫灌出苗的甜菜地不宜使用金都尔进行土壤封闭。

（2）喷施除草剂。使用28%的高效氟吡甲禾灵225 mL/hm²，兑水进行喷雾。

第四节　打碗花

特征特性

打碗花是旋花科打碗花属一年生草本植物，高可达30 cm。茎平卧有细棱，茎基部叶长圆形先端圆，基部戟形，茎上部叶三角状戟形，中裂片披针状或卵状三角形；花单生叶腋，苞片卵圆形，萼片长圆形，花冠漏斗状；蒴果卵圆形；种子黑褐色被小疣；花果期5—8月。打碗花味甘、微苦，性平，根状茎具有健脾益气、利尿、调经、止带等功效。主治脾虚消化不良、月经不调、乳汁稀少等症状。花可止痛，外用主治牙痛。嫩茎叶可做汤、炒食或做馅等，柔软清淡，舒适利口，但多食会腹泻。根茎可蒸食或做汤用。

防治措施

◎ 物理防治

甜菜出苗后2对真叶时，用深松犁在膜间空沟松土1次；6~8片真叶时，用深松覆土机深松空沟、膜面覆土压草，同时封闭播种孔；甜菜封垄前人工拔除膜面杂草。

◎ 化学防治

（1）芽前封闭除草。播种前2~5 d使用金都尔1 050~1 200 mL/hm^{2}进行土壤封闭处理。注意：沙土地用下限药量，黏土地用上限药量，随后混土，5~7 d后播种。大水漫灌出苗的甜菜地不宜使用金都尔进行土壤封闭。

（2）喷施除草剂。使用21%的安宁乙呋黄4 500 mL/hm^2，兑水进行喷雾。

第五节 龙 葵

特征特性

龙葵，茄科茄属一年生草本植物，茎近无毛或被微柔毛，叶互生，卵形或卵状椭圆形，叶常无毛；花小且下垂，花冠白色或淡紫色；浆果为球形，熟时黑紫色，有光泽；种子多数，卵形芝麻状，黄色；花期6—9月，果期7—12月。龙葵原产于中国，现几乎全国均有分布，广泛分布于欧洲、亚洲、美洲的温带至热带地区；常见于河沟岸边、湖边草地或稀疏林间、密林阴湿处；喜温暖湿润的气候，对土壤要求不高；龙葵具有清热解毒、活血化瘀的功效，其果实味道酸甜爽口，可直接食用，能为人体补充大量维生素和多种矿物质。

防治措施

◎ 物理防治

甜菜出苗后2对真叶时，用深松犁在膜间空沟松土1次；6~8片真叶时，用深松覆土机深松空沟、膜面覆土压草，同时封闭播种孔；甜菜封垄前人工拔除膜面杂草。

◎ 化学防治

（1）芽前封闭除草。播种前2~5 d使用金都尔1 050~1 200 mL/hm^{2}进行土壤封闭处理。注意：沙土地用下限药量，黏土地用上限药量，随后混土，5~7 d后播种。大水漫灌出苗的甜菜地不宜使用金都尔进行土壤封闭。

（2）喷施除草剂。使用21%的安宁乙呋黄4 500 mL/hm^2，兑水进行喷雾。

第六节　苦苣菜

特征特性

苦苣菜是菊科苦苣菜属的一年生或二年生草本植物。茎不分枝或仅上部分枝，叶为羽状深裂，通常无柄，而基部扩大抱茎。头状花序在茎端排成伞房状，总苞有2~3列，舌状花黄色，是两性花，可结果实。果为瘦果，压扁，成熟后为红褐色，两面有3条高起的纵肋。苦苣菜4月萌发，6—7月开花。苦苣菜生长速度快，生活力强，耐瘠薄，不耐盐碱，耐阴不耐旱，喜潮湿而疏松的土壤，在春耕过的农田生长特别旺盛。苦苣菜一般采取种子繁殖的方式。

防治措施

◎ 物理防治

甜菜出苗后2对真叶时，用深松犁在膜间空沟松土1次；6~8片真叶时，用深松覆土机深松空沟、膜面覆土压草，同时封闭播种孔；甜菜封垄前人工拔除膜面杂草。

◎ 化学防治

（1）芽前封闭除草。播种前2~5 d使用金都尔1 050~1 200 mL/hm²进行土壤封闭处理。注意：沙土地用下限药量，黏土地用上限药量，随后混土，5~7 d后播种。大水漫灌出苗的甜菜地不宜使用金都尔进行土壤封闭。

（2）喷施除草剂。使用21%的安宁乙呋黄4 500 mL/hm^2，兑水进行喷雾。

第七节 萹 蓄

特征特性

萹蓄是蓼科萹蓄属植物。一年生草本。茎平卧、上升或直立，高10～40 cm，自基部多分枝，具纵棱。叶椭圆形，狭椭圆形或披针形，长1～4 cm，宽3～12 mm。花单生或数朵簇生于叶腋，遍布于植株。瘦果卵形。花期5—7月，果期6—8月。

防治措施

◎ 物理防治

甜菜出苗后2对真叶时，用深松犁在膜间空沟松土1次；6～8片真叶时，用深松覆土机深松空沟、膜面覆土压草，同时封闭播种孔；甜菜封垄前人工拔除膜面杂草。

◎ 化学防治

（1）芽前封闭除草。播种前2～5 d使用金都尔1 050～1 200 mL/hm^{2}进行土壤封闭处理。注意：沙土地用下限药量，黏土地用上限药量，随后混土，5～7 d后播种。大水漫灌出苗的甜菜地不宜使用金都尔进行土壤封闭。

（2）喷施除草剂。使用28%的高效氟吡甲禾灵225 mL/hm² 和21%的安宁乙呋黄4 500 mL/hm²，兑水进行喷雾。

第八节　刺儿菜

特征特性

刺儿菜是菊科蓟属多年生草本植物。地下有直根及根状茎；茎直立，幼茎被白色蛛丝状毛；单叶互生，缘具刺状齿，基生叶早落，两面被白色蛛丝状毛。雌雄异株，雄株头状花序较小，雌株花序则较大，花冠、花药为紫红色，雌花具退化雄蕊；瘦果为椭圆形或长卵形，略扁，表面浅黄色至褐色，有波状横皱纹。基生叶和中部茎叶椭圆形、长椭圆形或椭圆状倒披针形，顶端钝或圆形，基部楔形，有时有极短的叶柄，通常无叶柄，长7～15 cm，宽1.5～10.0 cm，上部茎叶渐小，椭圆形、披针形或线状披针形，或全部茎叶不分裂，叶缘有细密的针刺，针刺紧贴叶缘。或叶缘有刺齿，齿顶针刺大小不等，针刺长可达3.5 mm，或大部茎叶羽状浅裂或半裂或边缘粗大圆锯齿，裂片或锯齿斜三角形，顶端钝，齿顶及裂片顶端有较长的针刺，齿缘及裂片边缘的针刺较短且贴伏。全部茎叶两面同色，绿色或下面色淡，两面无毛，极少两面异色，上面绿色，无毛，下面被稀疏或稠密的茸毛而呈现灰色，亦极少两面同色，灰绿色，两面被薄茸毛。头状花序单生茎端，或植株含少数或多数头状花序在茎枝顶端排成伞房花序。总苞卵形、长卵形或卵圆形，直径1.5～2.0 cm。总苞片约6层，覆瓦状排列，向内层渐长，外层与中层宽1.5～2.0 mm，包括顶端针刺长5～8 mm；内层及最内层为长椭圆形至线形，长1.1～2.0 cm，宽1.0～1.8 mm；中外层苞片顶端有长不足0.5 mm的短针刺，内层及最内层渐尖，膜质，短针刺。小花紫红色或白色，雌花花冠长约2.4 cm，檐部长约6 mm，细管部细丝状，长约1.8 mm，两性花花冠长约1.8 cm，檐部长约6 mm，细管部细丝状，长约1.2 mm。瘦果淡黄色，椭圆形或偏斜椭圆形，压扁，长约3 mm，宽约1.5 mm，顶端斜截形。冠毛污白色，多层，整体脱落；冠毛刚毛长羽毛状，长约3.5 cm，顶端渐细。花果期5—9月。

防治措施

◎ 物理防治

甜菜出苗后2对真叶时，用深松犁在膜间空沟松土1次；6～8片真叶时，用深松覆土机深松空沟、膜面覆土压草，同时封闭播种孔；甜菜封垄前人工拔除膜面杂草。

◎ 化学防治

（1）芽前封闭除草。播种前2～5 d使用金都尔1 050～1 200 mL/hm² 进行土壤封闭处理。注意：沙土地用下限药量，黏土地用上限药量，随后混土，5～7 d后播种。大水漫灌出苗的甜菜地不宜使用金都尔进行土壤封闭。

（2）喷施除草剂。使用21%的安宁乙呋黄4 500 mL/hm²，兑水进行喷雾。

第九节 冬 葵

特征特性

冬葵是锦葵科锦葵属一年生草本植物。分枝，茎被柔毛；叶圆形，裂片三角状圆形，边缘具细锯齿，两面无毛至疏被糙伏毛或星状毛；叶柄瘦弱，托叶卵状披针形，疏被柔毛。花小，单生或数朵簇生叶腋，白色，花期6—9月；果扁球形，网状，具细柔毛；种子肾形，暗黑色。

防治措施

◎ 物理防治

甜菜出苗后2对真叶时，用深松犁在膜间空沟松土1次；6~8片真叶时，用深松覆土机深松空沟、膜面覆土压草，同时封闭播种孔；甜菜封垄前人工拔除膜面杂草。

◎ 化学防治

（1）芽前封闭除草。播种前2~5 d使用金都尔1 050~1 200 mL/hm^{2}进行土壤封闭处理。注意：沙土地用下限药量，黏土地用上限药量，随后混土，5~7 d后播种。大水漫灌出苗的甜菜地不宜使用金都尔进行土壤封闭。

（2）喷施除草剂。使用21%的安宁乙呋黄4 500 mL/hm²，兑水进行喷雾。

第十节　节节草

特征特性

中小型植物。根茎直立，横走或斜升，黑棕色，节和根疏生黄棕色长毛或光滑无毛。地上枝多年生。枝一型，高20～60 cm，中部直径1～3 mm，节间长2～6 cm，绿色，主枝多在下部分枝，常形成簇生状；幼枝的轮生分枝明显或不明显；主枝有脊5～14条，脊的背部弧形，有一行小瘤或有浅色小横纹；鞘筒狭长可达1 cm，下部灰绿色，上部灰棕色；鞘齿5～12枚，三角形，灰白色，黑棕色或淡棕色，边缘（有时上部）为膜质，基部扁平或弧形，早落或宿存，齿上气孔带明显或不明显。侧枝较硬，圆柱状，有脊5～8条，脊上平滑或有一行小瘤或有浅色小横纹；鞘齿5～8个，披针形，革质但边缘膜质，上部棕色，宿存。孢子囊穗短棒状或椭圆形，长0.5～2.5 cm，中部直径0.4～0.7 cm，顶端有小尖突，无柄。

防治措施

◎ 物理防治

甜菜出苗后2对真叶时，用深松犁在膜间空沟松土1次；6～8

片真叶时，用深松覆土机深松空沟、膜面覆土压草，同时封闭播种孔；甜菜封垄前人工拔除膜面杂草。

◎ 化学防治

（1）芽前封闭除草。播种前2～5 d使用金都尔1 050～1 200 mL/hm^{2}进行土壤封闭处理。注意：沙土地用下限药量，黏土地用上限药量，随后混土，5～7 d后播种。大水漫灌出苗的甜菜地不宜使用金都尔进行土壤封闭。

（2）喷施除草剂。使用21%的安宁乙呋黄4 500 mL/hm^2，兑水进行喷雾。

第十一节　蒲公英

特征特性

多年生草本。根略呈圆锥状，弯曲，长4～10 cm，表面棕褐色，皱缩，根头部有棕色或黄白色的茸毛。叶呈倒卵状披针形、倒披针形或长圆状披针形，长4～20 cm，宽1～5 cm，先端钝或急尖，边缘有时具波状齿或羽状深裂，有时倒向羽状深裂或大头羽状深裂，顶端裂片较大，三角形或三角状戟形，全缘或具齿，每侧裂片3～5片，裂片三角形或三角状披针形，通常具齿，平展或倒向，裂片间常夹生小齿，基部渐狭成叶柄，叶柄及主脉常带红紫色，疏被蛛丝状白色柔毛或几无毛。花葶1至数个，与叶等长或稍长，高10～25 cm，上部紫红色，密被蛛丝状白色长柔毛；头状花序直径30～40 mm；总苞钟状，长12～14 mm，淡绿色；瘦果倒卵状披针形，暗褐色，长4～5 mm，宽1.0～1.5 mm，上部具小刺，下部具成行排列的小瘤，顶端逐渐收缩为长约1 mm的圆锥至圆柱形喙基，喙长6～10 mm，纤细；冠毛白色，长约6 mm。花期4—9月，果期5—10月。

防治措施

◎ 物理防治

甜菜出苗后2对真叶时，用深松犁在膜间空沟松土1次；6～8片真叶时，用深松覆土机深松空沟、膜面覆土压草，同时封闭播种孔；甜菜封垄前人工拔除膜面杂草。

◎ 化学防治

（1）芽前封闭除草。播种前2～5 d使用金都尔1 050～1 200 mL/hm^{2}进行土壤封闭处理。注意：沙土地用下限药量，黏土地用上限药量，随后混土，5～7 d后播种。大水漫灌出苗的甜菜地不宜使用金都尔进行土壤封闭。

（2）喷施除草剂。使用21%的安宁乙呋黄4 500 mL/hm^2，兑水进行喷雾。

第十二节　芦　苇

特征特性

芦苇多年生，根状茎十分发达。秆直立，高1～3（～8）m，直径1～4 cm，具20多节，基部和上部的节间较短，最长节间位于下部第4～6节，长20～25（～40）cm，节下被蜡粉。叶鞘下部者短于上部者，长于其节间；叶舌边缘密生一圈长约1 mm的短纤毛，两侧缘毛长3～5 mm，易脱落；叶片披针状线形，长约30 cm，宽约2 cm，无毛，顶端长渐尖成丝形。圆锥花序大型，长20～40 cm，宽约10 cm，分枝多数，长5～20 cm，着生稠密下垂的小穗；小穗柄长2～4 mm，无毛；小穗长约12 mm，含4花。颖具3脉，第一颖长约4 mm；第二颖长约7 mm。第一不孕外稃雄性，长约12 mm，第二外稃长约11 mm，具3脉，顶端长渐尖，基盘延长，两侧密生等长于外稃的丝状柔毛，与无毛的小穗轴相连接处具明显关节，成熟后易自关节上脱落；内稃长约3 mm，两脊粗糙；雄蕊3枚，花药长1.5～2.0 mm，黄色；颖果长约1.5 mm。

防治措施

◎ 物理防治

甜菜出苗后2对真叶时，用深松犁在膜间空沟松土1次；6～8

片真叶时，用深松覆土机深松空沟、膜面覆土压草，同时封闭播种孔；甜菜封垄前人工拔除膜面杂草。

◎ 化学防治

（1）芽前封闭除草。播种前2~5 d使用金都尔1 050~1 200 mL/hm²进行土壤封闭处理。注意：沙土地用下限药量，黏土地用上限药量，随后混土，5~7 d后播种。大水漫灌出苗的甜菜地不宜使用金都尔进行土壤封闭。

（2）喷施除草剂。使用28%的高效氟吡甲禾灵225 mL/hm²，兑水进行喷雾。

第十三节　曼陀罗

特征特性

属茄科一年生草本植物。分布范围广，是油菜田主要草害。茎粗壮直立，株高50~150 cm，光滑无毛，有时幼叶上有疏毛。上部常呈二叉状分枝。叶互生，叶片宽卵形，边缘具不规则的波状浅裂或疏齿，具长柄。脉上生有疏短柔毛。花单生在叶腋或枝杈处；花萼5齿裂筒状，花冠漏斗状，白色至紫色。蒴果直立，表面有硬刺，卵圆形。种子稍扁肾形，黑褐色。

防治措施

◎ 物理防治

甜菜出苗后2对真叶时,用深松犁在膜间空沟松土1次;6~8片真叶时,用深松覆土机深松空沟、膜面覆土压草,同时封闭播种孔;甜菜封垄前人工拔除膜面杂草。

◎ 化学防治

(1)芽前封闭除草。播种前2~5 d使用金都尔1 050~1 200 mL/hm^{2}进行土壤封闭处理。注意:沙土地用下限药量,黏土地用上限药量,随后混土,5~7 d后播种。大水漫灌出苗的甜菜地不宜使用金都尔进行土壤封闭。

(2)喷施除草剂。使用21%的安宁乙呋黄4 500 mL/hm^2,兑水进行喷雾。

第十四节 马齿苋

特征特性

马齿苋属马齿苋科一年生肉质草本植物。别名马齿菜、酱板菜、猪赞头等。分布范围广。茎从基部开始分枝,平卧或先端斜上。全体无毛状物。叶互生或假对生,近无柄或极短,叶片倒卵形全缘。花3~5朵簇生在枝顶,无梗,黄色,5个花瓣,4~5个苞片,2个萼片。蒴果圆锥形，盖裂。种子黑褐色，肾状卵形。主要以湿润肥沃的农田、地埂、路旁等为载体为寄主。当温度在20～30℃时种子发芽，具有一定的抗旱能力，主要以有性种子繁殖和无性断枝繁殖，繁殖系数较高，一般每株可生产上万粒种子。

防治措施

◎ 物理防治

甜菜出苗后2对真叶时，用深松犁在膜间空沟松土1次；6～8片真叶时，用深松覆土机深松空沟、膜面覆土压草，同时封闭播种孔；甜菜封垄前人工拔除膜面杂草。

◎ 化学防治

（1）芽前封闭除草。播种前2～5 d使用金都尔1 050～1 200 mL/hm^{2}进行土壤封闭处理。注意：沙土地用下限药量，黏土地用上限药量，随后混土，5～7 d后播种。大水漫灌出苗的甜菜地不宜使用金都尔进行土壤封闭。

（2）喷施除草剂。使用21%的安宁乙呋黄4 500 mL/hm^2，兑水进行喷雾。

第十五节　酸模叶蓼

特征特性

蓼科蓼属一年生草本，高40～90 cm。茎直立，具分枝，无毛，节部膨大。叶披针形或宽披针形，长 5~15 cm，宽 1~3 cm，顶端渐尖或急尖，基部楔形，上面绿色，常有一个大的黑褐色新月形斑点，两面沿中脉被短硬伏毛，全缘，边缘具粗缘毛；叶柄短，具短硬伏毛；托叶鞘筒状，长 1.5~3.0 cm，膜质，淡褐色，无毛，具多数脉，顶端截形，无缘毛，稀具短缘毛。总状花序呈穗状，顶生或腋生，近直立，花紧密，通常由数个花穗再组成圆锥状，花序梗被腺体；苞片漏斗状，边缘具稀疏短缘毛；花被淡红色或白色，4（5）深裂，花被片椭圆形，外面两面较大，脉粗壮，顶端分叉，外弯；雄蕊通常 6 枚。瘦果宽卵形，双凹，长 2~3 mm，黑褐色，有光泽，包于宿存花被内。花期 6—8 月，果期 7—9 月。

防治措施

◎ 物理防治

甜菜出苗后 2 对真叶时，用深松犁在膜间空沟松土 1 次；6~8 片真叶时，用深松覆土机深松空沟、膜面覆土压草，同时封闭播种孔；甜菜封垄前人工拔除膜面杂草。

◎ 化学防治

（1）芽前封闭除草。播种前 2~5 d 使用金都尔 1 050~1 200 mL/hm² 进行土壤封闭处理。注意：沙土地用下限药量，黏土地用上限药量，随后混土，5~7 d 后播种。大水漫灌出苗的甜菜地不宜使用金都尔进行土壤封闭。

（2）喷施除草剂。使用 21% 的安宁乙呋黄 4 500 mL/hm²，兑水进行喷雾。

第十六节 苣荬菜

特征特性

菊科苦苣菜属多年生草本植物。根垂直直伸,多少有根状茎。茎直立,高 30~150 cm,有细条纹,上部或顶部有伞房状花序分枝。基生叶多数,与中下部茎叶全形倒披针形或长椭圆形,羽状或倒向羽状深裂、半裂或浅裂,全长 6~24 cm,高 1.5~6.0 cm,侧裂片 2~5 对,偏斜半椭圆形、椭圆形、卵形、偏斜卵形、偏斜三角形、半圆形或耳状,顶裂片稍大,长卵形、椭圆形或长卵状椭圆形;全部叶裂片边缘有小锯齿或无锯齿而有小尖头;上部茎叶及接花序分枝下部的叶披针形或线钻形,小或极小;全部叶基部渐窄成长或短翼柄,但中部以上茎叶无柄,基部圆耳状扩大半抱茎,顶端急尖、短渐尖或钝,两面光滑无毛。头状花序在茎枝顶端排成伞房状花序。总苞钟状,长 1.0~1.5 cm,宽 0.8~1.0 cm,基部有稀疏或稍稠密的长或短茸毛。总苞片 3 层,外层披针形,长 4~6 mm,宽 1.0~1.5 mm,中内层披针形,长达 1.5 cm,宽约 3 mm;全部总苞片顶端长渐尖,外面沿中脉有 1 行头状具柄的腺毛。舌状小花多数,黄色。瘦果稍压扁,长椭圆形,长 3.7~4.0 mm,宽 0.8~1.0 mm,每面有 5 条细肋,肋间有横皱纹。冠毛白色,长约1.5 cm，柔软，彼此纠缠，基部连合成环。花果期1—9月。

防治措施

◎ 物理防治

甜菜出苗后2对真叶时，用深松犁在膜间空沟松土1次；6～8片真叶时，用深松覆土机深松空沟、膜面覆土压草，同时封闭播种孔；甜菜封垄前人工拔除膜面杂草。

◎ 化学防治

（1）芽前封闭除草。播种前2～5 d使用金都尔1 050～1 200 mL/hm^{2}进行土壤封闭处理。注意：沙土地用下限药量，黏土地用上限药量，随后混土，5～7 d后播种。大水漫灌出苗的甜菜地不宜使用金都尔进行土壤封闭。

（2）喷施除草剂。使用21%的安宁乙呋黄4 500 mL/hm^2，兑水进行喷雾。

第十七节　灰绿藜

特征特性

藜科藜属一年生草本植物，高20～40 cm。茎平卧或外倾，具条棱及绿色或紫红色色条。叶片矩圆状卵形至披针形，长2～4 cm，宽6～20 mm，肥厚，先端急尖或钝，基部渐狭，边缘具缺刻状牙齿，叶面无粉，平滑，叶背有灰白色粉，或稍带紫红色；中脉明显，黄绿色；叶柄长 5～10 mm。花两性兼有雌性，通常数花聚成团伞花序，再于分枝上排列成有间断而通常短于叶的穗状或圆锥状花序；花被裂片 3～4，浅绿色，稍肥厚，通常无粉，狭矩圆形或倒卵状披针形，长不及 1 mm，先端通常钝；雄蕊 1～2 枚，花丝不伸出花被，花药球形；柱头 2，极短。胞果顶端露出于花被外，果皮膜质，黄白色。种子扁球形，直径约 0.75 mm，横生、斜生及直立，暗褐色或红褐色，边缘钝，表面有细点纹。花果期 5—10 月。

防治措施

◎ 物理防治

甜菜出苗后 2 对真叶时，用深松犁在膜间空沟松土 1 次；6～8 片真叶时，用深松覆土机深松空沟、膜面覆土压草，同时封闭播种孔；甜菜封垄前人工拔除膜面杂草。

◎ 化学防治

（1）芽前封闭除草。播种前 2～5 d 使用金都尔 1 050～1 200 mL/hm² 进行土壤封闭处理。注意：沙土地用下限药量，黏土地用上限药量，随后混土，5～7 d 后播种。大水漫灌出苗的甜菜地不宜使用金都尔进行土壤封闭。

（2）喷施除草剂。使用 21% 的安宁乙呋黄 4 500 mL/hm²，兑水进行喷雾。

第十八节 狗尾草

特征特性

禾本科狗尾草属一年生草本植物,因其形似狗尾巴得名。根为须状;茎直立;叶片扁平,长三角状狭披针形或线状披针形,边缘粗糙;圆锥花序紧密呈圆柱状,直立或稍弯垂,主轴被较长柔毛,刚毛绿色或褐黄到紫红或紫色;颖果灰白色。花果期5—10月。狗尾草为旱地作物常见的一种晚春性杂草,以种子繁殖,种子可借风、流水与粪肥传播,经越冬休眠后萌发,原产欧亚大陆的温带和暖温带地区,现广泛分布于世界温带、暖温带和热带地区,因喜长于温暖湿润气候区,故以疏松肥沃、富含腐殖质的沙质壤土及黏壤土为宜。广种于中国北方和西南山地的旱作谷物粟就是从"狗尾草"的野生植物驯化而来。

防治措施

◎ 物理防治

甜菜出苗后2对真叶时,用深松犁在膜间空沟松土1次;6~8片真叶时,用深松覆土机深松空沟、膜面覆土压草,同时封闭播种孔;甜菜封垄前人工拔除膜面杂草。

◎ 化学防治

（1）芽前封闭除草。播种前2～5 d使用金都尔1 050～1 200 mL/hm²进行土壤封闭处理。注意：沙土地用下限药量，黏土地用上限药量，随后混土，5～7 d后播种。大水漫灌出苗的甜菜地不宜使用金都尔进行土壤封闭。

（2）喷施除草剂。使用28%的高效氟吡甲禾灵225 mL/hm²，兑水进行喷雾。

第十九节　荠　菜

特征特性

荠，十字花科荠属草本植物。全体通常无毛，茎呈直立状态；基部生长叶片呈莲座状，基部小叶呈较长的羽毛状；花序顶生及腋生，小花的花柄等长，花瓣呈白色的卵形；果实呈倒三角形或心状三角形；花果期在4—6月。荠原产于中国，全国各地均有分布或栽培。荠菜分为板叶荠菜和散叶荠菜两种，种子繁殖。

防治措施

◎ 物理防治

甜菜出苗后2对真叶时，用深松犁在膜间空沟松土1次；6～8片真叶时，用深松覆土机深松空沟、膜面覆土压草，同时封闭播种孔；甜菜封垄前人工拔除膜面杂草。

◎ 化学防治

（1）芽前封闭除草。播种前2～5 d使用金都尔1 050～1 200 mL/hm²进行土壤封闭处理。注意：沙土地用下限药量，黏土地用上限药量，随后混土，5～7 d后播种。大水漫灌出苗的甜菜地不宜使用金都尔进行土壤封闭。

（2）喷施除草剂。使用21%的安宁乙呋黄4 500 mL/hm²，兑水进行喷雾。

第二十节　独行菜

特征特性

独行菜是十字花科独行菜属植物。株高可达30 cm；茎直立，被头状腺毛；基生叶窄匙形，回羽状浅裂或深裂；茎生叶向上渐由窄披针形至线形，有疏齿或全缘，疏被头状腺毛；总状花序，萼片卵形；短角果近圆形或宽椭圆形，顶端微凹，有窄翅；果柄弧形，被头状腺毛；种子椭圆形，红棕色；花期4—8月，果期5—9月。

防治措施

◎ 物理防治

甜菜出苗后2对真叶时，用深松犁在膜间空沟松土1次；6—8

片真叶时，用深松覆土机深松空沟、膜面覆土压草，同时封闭播种孔；甜菜封垄前人工拔除膜面杂草。

◎ 化学防治

（1）芽前封闭除草。播种前2～5 d使用金都尔1 050～1 200 mL/hm^{2}进行土壤封闭处理。注意：沙土地用下限药量，黏土地用上限药量，随后混土，5～7 d后播种。大水漫灌出苗的甜菜地不宜使用金都尔进行土壤封闭。

（2）喷施除草剂。使用28%的高效氟吡甲禾灵225 mL/hm^2，兑水进行喷雾。

第四章 优良甜菜品种简介

第一节　ZT6

登记编号

GPD 甜菜（2018）620116

选育单位

张掖市农业科学研究院、张掖市金宇种业有限责任公司

申请登记单位

张掖市农业科学研究院、张掖市金宇种业有限责任公司

品种来源

006 ms × 抗 4

特征特性

标准型。兼抗丛根病多粒杂交种。从播种到收获 170～180 d，幼苗期生长旺盛，中后期生长势强。株高 50～60 cm，叶丛直立，叶片盾形，叶柄长，叶色深绿，功能叶片寿命长，块根为圆锥形，根头小，根体长，根沟浅，皮质光滑。第一生长周期含糖率 15.7%，比对照增加 0.7 个百分点；第二生长周期含糖率 15.8%，比对照增加 0.8 个百分点。抗根腐病，耐褐斑病。第一生长周期亩产 6 744.9 kg，比对照增产 20.8%；第二生长周期亩产 6 750.6 kg，比对照增产 22.2%。

栽培技术要点

（1）精量穴播。亩播种量 0.3～0.4 kg，株行距一般为（18～20）cm×50 cm，播种深度 1～2 cm。

（2）配方施肥。结合整地亩施有机肥 4 000 kg，尿素 20 kg，磷酸二铵 30 kg，硫酸钾 15 kg。

（3）黑膜全膜覆盖。选择厚 0.008 mm 以上、幅宽 145 cm 的黑膜进行覆盖。

（4）适时播种。

（5）合理密植。适宜密度为亩保苗 6 000～7 500 株。

（6）病虫害综合防控。在白粉病、褐斑病发生初期，用 25% 苯醚甲环唑乳油 2 000 倍液，或用 40% 氟硅唑乳油 5 000 倍液喷雾，视病害发生情况可每隔 7 d 施药 1 次，可连续用药 2～3 次。在甜菜象甲或菜青虫、甘蓝夜蛾幼虫发生始盛期，用 2.5% 高效氯氟氰菊酯水乳剂商品量 240～300 mL/hm^2 或 1.8% 阿维菌素乳油 2 000 倍液喷雾，视害虫发生情况每隔 7 d 施药 1 次，可连续用药 2～3 次。

适宜种植区域及季节

适宜在甘肃省甜菜春播区种植。

第二节 KUHN1125

登记编号

GPD 甜菜（2018）110011

选育单位

荷兰安地国际有限公司

申请登记单位

荷兰安地国际有限公司北京代表处

品种来源

HJM-04×IM006

特征特性

标准型（N）。苗期生长旺盛，发芽势强，出苗快而整齐。利于苗全苗壮；叶片功能期长，叶丛半直立，叶片舌形。根冠比例协调，株型紧凑，适合密植。根为圆锥形，根头小，根沟浅，根皮光滑。第一生长周期含糖率17%，比对照高2个百分点；第二生长周期含糖率16.9%，比对照高1.9个百分点。抗丛根病，耐褐斑病及根腐病。第一生长周期亩产6 720.4 kg，比对照增产16.9%；第二生长周期亩产 6 646.7 kg，比对照增产 15.7%。

栽培技术要点

（1）单粒播种，亩保苗 5 500~6 000 株。

（2）严禁重茬种植，实行 4 年以上的轮作，选用秋季深翻地。

（3）适量施用氮肥，多施磷、钾肥。

适宜种植区域及季节　适宜在河北、甘肃、吉林、黑龙江、内蒙古、新疆地区春季种植。

第三节　LN90910

登记编号

GPD 甜菜（2018）620016

选育单位

英国莱恩种业

申请登记单位

张掖市金宇种业有限责任公司

品种来源

CQM10DM78.2 × RMSF10B

特征特性

丰产型（E）。LN90910 属丰产高糖型多粒杂交种，从播种到收获190 d左右，出苗快，保苗率高，生长势强，整齐度高；株高50~60 cm，叶柄短，叶片为犁铧形，颜色深绿色，叶丛紧凑，适宜密植；根形呈圆锥形，根体较光滑，根沟浅，根头小，根皮白色，根肉白色；高抗根腐病，中抗褐斑病和白粉病，耐丛根病；耐盐碱，一般在轻盐碱地平均亩产可达7 576.4 kg、含糖率16.7%。第一生长周期含糖率16.8%，对照含糖率15.8%；第二生长周期含糖率17%，对照含糖率16%，耐根腐病和丛根病，抗褐斑病，第一生长周期亩产7 740.2 kg，比对照增产17.5%；第二生长周期亩产7 494.8 kg，比对照增产27.9%。

栽培技术要点

（1）精量穴播。亩播种量0.3~0.4 kg，株行距一般（18~20）cm×42 cm，播种深度1~2 cm。

（2）配方施肥。结合整地亩施有机肥4 000 kg，尿素20 kg，磷酸二铵30 kg，硫酸钾15 kg。

（3）黑膜全膜覆盖。选择厚0.008 mm以上、幅宽145 cm的黑膜进行覆盖。

（4）适时播种。

（5）合理密植。适宜密度为亩保苗8 000~8 500株。

（6）病虫害综合防控。在白粉病、褐斑病发生初期，用25%的苯醚甲环唑乳油2 000倍液或40%氟硅唑乳油5 000倍液喷雾，视病害发生情况可每隔7 d施药1次，可连续用药2~3次。在甜菜象甲、菜青虫、甘蓝夜蛾幼虫发生始盛期，用2.5%高效氯氟氰菊酯水乳剂商品量240~300 mL/hm^{2}或1.8%阿维菌素乳油2 000倍液喷雾，视虫害发生情况每隔 7 d 施药 1 次,可连续用药 2~3 次。

适宜种植区域及季节

适宜在甘肃、武威、张掖、酒泉等甜菜主产区春季种植。

第四节 LS1216

登记编号

GPD 甜菜（2018）620048

选育单位

英国莱恩种业

申请登记单位

张掖市金宇种业有限责任公司

品种来源

1FC700×SI.9921

特征特性

丰产型。该品种是单粒二倍体杂交种,从播种到收获 170 d 左右,出苗快,保苗率高,生长势强,整齐度高;株高 50~60 cm,叶柄长短适中,叶片为犁铧形,颜色深绿色,叶丛紧凑,根形呈圆锥形,根体较光滑,根沟浅,根头小,根皮白色,根肉白色。第一生长周期含糖率 16.6%,比对照高 0.9 个百分点;第二生长周期含糖率

16.6%，比对照高 1.1 个百分点。耐根腐病，抗褐斑病和丛根病。第一生长周期亩产 7 381.1 kg，比对照增产 18.3%；第二生长周期亩产 7 213.8 kg，比对照增产 19.6%。

栽培技术要点

（1）精量穴播。亩播种量 0.3~0.4 kg，株行距一般为（18~20）cm×42 cm，播种深度 1~2 cm。

（2）配方施肥。结合整地亩施有机肥 4 000 kg，尿素 20 kg，磷酸二铵 30 kg，硫酸钾 15 kg。

（3）黑膜全膜覆盖。选择厚 0.008 mm 以上、幅宽 145 cm 的黑膜进行覆盖。

（4）适时播种。

（5）合理密植。适宜密度为亩保苗 8 000~8 500 株。

（6）病虫害综合防控。在白粉病、褐斑病发生初期，用 25% 苯醚甲环唑乳油 2 000 倍液或 40% 氟硅唑乳油 5 000 倍液喷雾，视病害发生情况可每隔 7 d 施药 1 次，可连续用药 2~3 次。在甜菜象甲、菜青虫、甘蓝夜蛾幼虫发生始盛期，用 2.5% 高效氯氟氰菊酯水乳剂商品量 240~300 mL/hm^2 或 1.8% 阿维菌素乳油 2 000 倍液喷雾，视害虫发生情况每隔 7 d 施药 1 次，可连续用药 2~3 次。

适宜种植区域及季节

适宜在甘肃省甜菜种植区域春播。

第五节　LN90909

登记编号

GPD 甜菜（2019）620008

选育单位

英国莱恩种业

申请登记单位

张掖市农业科学研究院、张掖市金宇种业有限责任公司

品种来源

RM799.257×SI3.28

特征特性

丰产型多粒杂交种，从播种到收获170 d左右，出苗快，保苗率高，生长势强，整齐度高；株高40~60 cm，叶柄短，叶片为盾形，颜色浅绿色，叶缘波浪状，叶面比较光滑，叶丛紧凑，适宜密植；根形呈圆锥形，根体较光滑，根沟浅，根头小，根皮白色，根肉白色。第一生长周期含糖率16.8%，对照含糖率15.8%，比对照增加1个百分点；第二生长周期含糖率16.9%，对照含糖率15.8%，比对照增加1.1个百分点。耐根腐病和丛根病。第一生长周期亩产7 369.6 kg，比对照增产18.6%；第二生长周期亩产7 414.1 kg，比对照增产19.7%。

栽培技术要点

（1）精量穴播。亩播种量 0.3~0.4 kg，株行距一般（18~20）cm×42 cm，播种深度 1~2 cm。

（2）配方施肥。结合整地亩施有机肥 4 000 kg，尿素 20 kg，磷酸二铵 30 kg，硫酸钾 15 kg。

（3）黑膜全膜覆盖。选择厚 0.008 mm 以上、幅宽 145 cm 的黑膜进行覆盖。

（4）适时播种。

（5）合理密植。适宜密度为亩保苗 8 000~8 500 株。

（6）病虫害综合防控。在白粉病、褐斑病发生初期，用 25% 苯醚甲环唑乳油 2 000 倍液或 40% 氟硅唑乳油 5 000 倍液喷雾，视病害发生情况可每隔 7 d 施药 1 次，可连续用药 2~3 次。在甜菜象甲、菜青虫、甘蓝夜蛾幼虫发生始盛期，用 2.5% 高效氯氟氰菊酯水乳剂商品量 240~300 mL/hm^2 或 1.8% 阿维菌素乳油 2 000 倍液喷雾，视害虫发生情况每隔 7 d 施药 1 次，可连续用药 2~3 次。

适宜种植区域及季节

适宜在甘肃省甜菜春播区域种植。

第六节　LN20159

登记编号

GPD 甜菜（2019）620009

选育单位

英国莱恩种业

申请登记单位

张掖市农业科学研究院、张掖市金宇种业有限责任公司

品种来源

RZM201.86×F1.DM06.12

特征特性

丰产型。单粒杂交种，从播种到收获 180 d 左右。出苗快，保苗率高，株高 55~70 cm。叶柄较长，叶片为犁铧形，叶缘波浪形，叶面微皱，叶色绿色，叶丛直立，适宜密植。根形呈圆锥形，根体较光滑，根沟浅，根头小，根皮白色，根肉白色。第一生长周期含糖率 16.8%，比对照品种 BETA218 高 0.9 个百分点；第二生长周期含糖率 16.9%，比对照品种 BETA218 高 1 个百分点。耐根腐病、丛根病，抗褐斑病。第一生长周期亩产 7 238.4 kg，比对照 BETA218 增产 19.0%；第二生长周期亩产 7 388.7 kg，比对照 BETA218 增

产 18.3%。

栽培技术要点

（1）精量穴播。亩播种量 0.3～0.4 kg，株行距一般（18～20）cm×42 cm，播种深度 1～2 cm。

（2）配方施肥。结合整地亩施有机肥 4 000 kg，尿素 20 kg，磷酸二铵 30 kg，硫酸钾 15 kg。

（3）黑膜全膜覆盖。选择厚 0.008 mm 以上、幅宽 145 cm 的黑膜进行覆盖。

（4）适时播种。

（5）合理密植。适宜密度为亩保苗 8 000～8 500 株。

（6）病虫害综合防控。在白粉病、褐斑病发生初期，用 25% 苯醚甲环唑乳油 2 000 倍液或 40% 氟硅唑乳油 5 000 倍液喷雾，视病害发生情况可每隔 7 d 施药 1 次，可连续用药 2～3 次。在甜菜象甲、菜青虫、甘蓝夜蛾幼虫发生始盛期，用 2.5% 高效氯氟氰菊酯水乳剂商品量 240～300 mL/hm^2 或 1.8% 阿维菌素乳油 2 000 倍液喷雾，视害虫发生情况每隔 7 d 施药 1 次，可连续用药 2～3 次。

适宜种植区域及季节

适宜在甘肃省甜菜春播区域种植。

第七节 SV1433

登记编号

GPD 甜菜（2018）110004

选育单位

荷兰安地国际有限公司

申请登记单位

荷兰安地国际有限公司北京代表处

品种来源

SVDHMS2556 × SVDHPOL4887

特征特性

标准型，二倍体遗传单胚雄性不育杂交种。苗期生长旺盛，发芽势强，出苗快而整齐。利于苗全苗壮；叶片功能期长，叶丛半直立，叶片心形。根冠比例协调，株型紧凑，适合密植。根为圆锥形，根头小，根沟浅，根皮光滑。抗褐斑病，耐根腐病及丛根病。第一生长周期含糖率 16.4%，比对照高 1.0 个百分点；第二生长周期含糖率 16.6%，比对照高 1.2 个百分点。第一生长周期亩产 7 372.8 kg，比对照 BETA218 增产 17.9%；第二生长周期亩产 7 663.7 kg，比对照 BETA218 增产 22.2%。

栽培技术要点

(1) 选地。选秋季深翻地,5年以上轮作。

(2) 栽培密度。纸筒移栽保苗5 500株/亩,机械化直播保苗8 000株/亩。

(3) 施肥方法。施肥以农家肥与化肥配合使用为好,适量增施硼、锌等微量元素。化肥分底肥、种肥、追肥分期施入,追肥以磷、钾肥为主,时间不能晚于8片真叶期。

适宜种植区域及季节

适宜在甘肃省酒泉、张掖及黑龙江省种植。

第八节 SR496

登记编号

GPD甜菜(2018)110007

选育单位

荷兰安地国际有限公司

申请登记单位

荷兰安地国际有限公司北京代表处

品种来源

SVDH MS2542 × SVDH POL4773

特征特性

标准型二倍体遗传单胚雄性不育甜菜杂交品种。发芽势强，出苗快，苗期生长势强，叶片功能期长，叶丛直立，叶片呈舌形，根冠比例协调，株型紧凑，根为圆锥形，根头小，根沟浅，根皮光滑。第一生长周期含糖率15.48%，比对照甜研309高0.34个百分点；第二生长周期含糖率16.22%，比对照甜研309高0.36个百分点。耐根腐病、褐斑病、丛根病和立枯病。第一生长周期亩产4 966.2 kg，比对照甜研309增产35.6%；第二生长周期亩产4 359.3 kg，比对照甜研309增产23.3%。

栽培技术要点

（1）秋季深翻地，5年以上轮作。

（2）纸筒移栽保苗5 500株/亩，机械化直播保苗6 000株/亩。

（3）施肥以农家肥与化肥配合使用为好，根据不同区域合理搭配N、P、K。适量增施硼、锌等微量元素。化肥以底肥、种肥、追肥分期施入，追肥以磷钾肥为主，时间不晚于8片真叶期。

适宜种植区域及季节

适宜在内蒙古、新疆甜菜产区种植。

第九节 KUHN1387

登记编号

GPD 甜菜（2018）110012

选育单位

荷兰安地国际有限公司

申请登记单位

荷兰安地国际有限公司北京代表处

品种来源

MS3718 × POL4721

特征特性

标准型甜菜杂交品种。二倍体遗传单胚雄性不育品种，芽势强，出苗快，苗期生长势强。叶片功能期长，叶丛半直立，叶片呈舌形。根冠比例协调，株型紧凑，适宜密植。根为圆锥形，根头小，根沟浅，根皮光滑。第一生长周期含糖率14.5%，比对照KWS0143高0.4个百分点；第二生长周期含糖率14.0%，比对照KWS0143低0.3个百分点，耐根腐病和褐斑病，抗丛根病。第一生长周期亩产5 512.7 kg，比对照KWS0143增产26.2%；第二生长周期亩产5 608.5 kg，比对照KWS0143增产27.1%。

栽培技术要点

（1）实行4年以上的轮作，土壤持水性要好，排涝性强。

（2）适期早播。播前精细整地，播深2～3 cm，亩播量300～500 g，苗期适时深中耕，以利全苗。

（3）一般亩保苗密度5 500～6 000株。

（4）重施基肥，少施追肥。一般土壤亩施尿素20～30 kg，磷肥10～15 kg，钾肥5 kg，肥料总量的60%～70%作基肥。后期应控制水肥，杜绝大水大肥。

（5）全生育期要控制杂草与害虫，药剂拌种防治苗期病虫害，中后期适时喷药防治褐斑病，确保高产高糖。

适宜种植区域及季节

适宜在河北、甘肃、吉林、黑龙江、内蒙古、新疆地区春季播种。

第十节　IM1162

登记编号

GPD甜菜（2018）110008

选育单位

荷兰安地国际有限公司

申请登记单位

荷兰安地国际有限公司北京代表处

品种来源

SVDH MS2551 × SVDH POL4830

特征特性

标准型（N）。该品种发芽势强，出苗快，苗期生长势强。叶片功能期长，叶丛直立，叶片呈舌形。根冠比例协调，株型紧凑，适合密植。根为圆锥形，根头小，根沟浅，根皮光滑。第一生长周期含糖率16.1%，对照含糖率15.2%；第二生长周期含糖率16.3%，对照含糖率15.8%；耐根腐病、褐斑病，抗丛根病。第一生长周期亩产4 417.7 kg，对照甜研309亩产3 660.1 kg；第二生长周期亩产5 027.6 kg，对照甜研309亩产3 846.7 kg。

栽培技术要点

（1）单粒播种，亩保苗5 500~6 000株。

（2）严禁在重茬地种植，实行4年以上的轮作，选用秋季深翻地。

（3）适量施用氮肥，多施磷、钾肥。

适宜种植区域及季节

适宜在河北、甘肃、吉林、黑龙江、内蒙古、新疆地区春季种植。

第十一节 IM802

登记编号

GPD 甜菜（2018）110005

选育单位

荷兰安地国际有限公司

申请登记单位

荷兰安地国际有限公司北京代表处

品种来源

SVDH MS8835 × SVDH POL4736

特征特性

标准型（N）。该品种为二倍体遗传单胚型雄性不育杂交种，具有前期生长快，块根产量较高，含糖高的特性，适合于生长期比较短的地区。出苗快，苗期生长势强，叶丛半直立。根为楔形，根头小，根沟浅，根皮光滑。第一生长周期含糖率17.43%，对照含糖率17.32%；第二生长周期含糖率14.74%，对照含糖率14.99%。抗根腐病，耐褐斑病、丛根病。第一生长周期亩产5 331.2 kg，比对照增产36.5%，对照甜研309亩产3 905.7 kg，第二生长周期亩产4 092.8 kg，对照甜研309亩产3 825.1 kg。

栽培技术要点

(1) 密度。根据土壤及气候的具体条件，一般育苗移栽 5 500 株/亩，机械化直播 6 000 株/亩为宜，最佳收获株数应不低于 5 000 株/亩。

(2) 施肥。施肥以农家肥与化肥配合使用为好，根据不同区域合理搭配 N、P、K。适量增施镁元素和硼、锌等微量元素。化肥分底肥、种肥、追肥分期施入，追施氮肥时间不能晚于 8 片真叶期。

(3) 土壤与轮作。甜菜一般应 5 年以上轮作。生产田应秋季深翻、土壤肥沃、持水性好，地形应易于排涝。

适宜种植区域及季节

适宜在河北、甘肃、内蒙古、黑龙江、吉林、新疆地区春季种植。

第十二节　KUHN1357

登记编号

GPD 甜菜（2018）110104

选育单位

荷兰安地国际有限公司

申请登记单位

荷兰安地国际有限公司北京代表处

品种来源

KUHN MS5361 × KUHN POL9940

特征特性

标准型甜菜杂交品种。二倍体遗传单胚雄性不育品种。芽势强，出苗快，苗期生长势强。叶片功能期长，叶丛半直立，叶片呈舌形。根冠比例协调，株型紧凑，适合密植。第一生长周期含糖率15.7%，比对照KWS0143增加0.8个百分点；第二生长周期含糖率15.5%，比对照KWS0143增加0.7个百分点。抗根腐病，耐褐斑病和丛根病。第一生长周期亩产5 281.0 kg，比对照KWS0143增产5.8%；第二生长周期亩产5 232.2 kg，比对照KWS0143增产6.1%。

栽培技术要点

（1）适宜密植，亩保苗6 500～8 000株。

（2）选择地势平坦、土地疏松、地力肥沃、耕层较深地块种植。避免重茬和迎茬种植。

（3）依据具体条件，生育期总氮不超过每亩15 kg，五氧化二磷每亩不超10 kg，氧化钾每亩不超6 kg。

（4）整个生育期应及时除草，做好苗期虫害防治，中后期的叶部病害防治。

适宜种植区域及季节

适宜在河北、新疆、内蒙古、黑龙江、甘肃、吉林地区春季种植。

第十三节 KUHN814

登记编号

GPD 甜菜（2018）110058

选育单位

荷兰安地国际有限公司

申请登记单位

荷兰安地国际有限公司北京代表处

品种来源

MSBc1 × MSF1

特征特性

标准型甜菜杂交品种。苗期生长旺盛，发芽势强，出苗快而整齐，叶丛半直立，生长中期叶丛繁茂，叶片舌形，中等大小，叶柄较短，叶片功能期长。根块呈圆锥形、根皮及根肉均呈白色、青头较小、根沟浅。第一生长周期含糖率16.0%，比对照KWS2409高1.3个百分点；第二生长周期含糖率15.8%，比对照KWS2409高1.5个百分点。耐根腐病和褐斑病，抗丛根病。第一生长周期亩产5 527.6 kg，比对照KWS2409增产1.4%；第二生长周期亩产5 578.5 kg，比对照KWS2409增产1.2%。

栽培技术要点

（1）5年以上轮作。生产田应秋季深翻、土壤肥沃、持水性好，地形应易于排涝。

（2）根据土壤及气候的具体条件，一般育苗移栽5 500株／亩，机械化直播6 000株／亩为宜，最佳收获株数应不低于5 000株／亩。

（3）施肥以农家肥与化肥配合使用为好，化肥氮、磷、钾纯量450 kg/hm^{2}以上，推荐氮、磷、钾比例为（1∶1）～（1.2∶0.6），适量增施镁元素和硼、锌等微量元素。化肥以底肥、种肥、追肥分期施入，追施氮肥时间不能晚于8片真叶期。

适宜种植区域及季节

适宜在河北、甘肃、吉林、内蒙古、新疆地区春季种植。

第十四节 MK4085

登记编号

GPD甜菜（2018）110101

选育单位

荷兰安地国际有限公司

申请登记单位

荷兰安地国际有限公司北京代表处

品种来源

KUHN MS5375 × KUHN POL9954

特征特性

标准型甜菜杂交品种。二倍体遗传单胚雄性不育品种。芽势强，出苗快，苗期生长势强。叶片功能期长，叶丛半直立，叶片呈舌形。根冠比例协调，株型紧凑。第一生长周期含糖率15.6%，比对照KWS0143增加0.8个百分点；第二生长周期含糖率15.8%，比对照KWS0143增加1.2个百分点。抗根腐病，耐褐斑病和丛根病。第一生长周期亩产5 275.7 kg，比对照KWS0143增产5.8%；第二生长周期亩产5239.0 kg，比对照KWS0143增产6.1%。

栽培技术要点

（1）该品种适宜密植，亩保苗6 500～8 000株。

（2）栽植选择在地势平坦、土地疏松、地力肥沃、耕层较深地上种植。避免重茬和迎茬。

（3）依据具体条件，生育期总氮不超过15 kg/亩，五氧化二磷10 kg/亩，氧化钾6 kg/亩。

（4）整个生育期及时除草，做好苗期虫害防治，中后期的叶部病害防治。

适宜种植区域及季节

适宜在河北、甘肃、吉林、黑龙江、内蒙古、新疆地区春季种植。

第十五节 SR-411

登记编号

GPD 甜菜（2018）110039

选育单位

荷兰安地国际有限公司

申请登记单位

荷兰安地国际有限公司北京代表处

特征特性

标准型甜菜杂交品种。二倍体遗传单胚品种，发芽势强，出苗快，苗期生长势强，叶片功能期长，叶丛半直立，叶片呈舌形，根冠比例协调，株型紧凑。根为圆锥形，根头小，根沟浅，根皮光滑。第一生长周期含糖率16.2%，比对照甜研309低1.1个百分点；第二生长周期含糖率17.1%，比对照甜研309高0.5个百分点。耐根腐病和褐斑病，抗丛根病。第一生长周期亩产3 630.8 kg，比对照甜研309增产19.9%；第二生长周期亩产3 838.9 kg，比对照甜研309增产11.0%。

栽培技术要点

（1）5年以上轮作。秋季深翻地。

（2）纸筒移栽亩保苗5 500株，机械化直播亩保苗6 000株。

（3）施肥以农家肥与化肥配合使用为好，根据不同区域合理搭配氮、磷、钾。适量增施硼、锌等微量元素。化肥分底肥、种肥、追肥分期施入，追肥以磷、钾肥为主，时间不晚于8片真叶期。

适宜种植区域及季节

适宜在内蒙古、新疆、甘肃、河北、吉林、黑龙江甜菜产区种植。

第十六节　ST13529

登记编号

GPD甜菜（2020）110027

选育单位

德国斯特儒博有限公司

申请登记单位

德国斯特儒博有限公司北京代表处

品种来源

BC11*E9.22 × D10.13*Z12^3

特征特性

标准型甜菜杂交品种。叶丛半直立，叶片心形，叶色中绿，叶柄短，块根圆锥形，根体光滑，根冠极小，青头中等，根沟极浅。第一生长周期含糖率14.6%，比对照BETA356增加0.2个百分点；第二生长周期含糖率15.51%，比对照BETA356增加0.9个百分点。感根腐病，耐褐斑病，抗丛根病。第一生长周期亩产7 343.4 kg，比对照BETA356增产16.6%；第二生长周期亩产6 371.55 kg，比对照HI0936增产22.6%。

栽培技术要点

（1）4年以上轮作，选择肥沃土壤、持水性好，地形应易于排涝。

（2）每亩保苗应在6 000株左右，最佳收获株数应不低于5 500株/亩。

（3）亩施氮肥应控制在10～12 kg（以纯氮计），追施氮肥不应晚于8叶期。氮、磷、钾注意合理配合使用，缺硼地区必须配合基施或喷施硼肥。

适宜种植区域及季节

适宜在新疆、甘肃、内蒙古、黑龙江、吉林、辽宁、河北和山西地区春季种植。

第十七节 SV1366

登记编号

GPD 甜菜（2018）110083

选育单位

荷兰安地国际有限公司

申请登记单位

荷兰安地国际有限公司北京代表处

品种来源

SVDH MS2562 × SVDH POL4900

特征特性

标准型甜菜杂交品种。二倍体遗传单胚雄性不育品种，芽势强，出苗快，苗期生长势强。叶片功能期长，叶丛半直立，叶片呈舌形。根冠比例协调，株型紧凑，适合密植。根为圆锥形，根头小，根沟浅，根皮光滑，皮质细腻。第一生长周期含糖率 14.7%，比对照 KWS0143 增加 0.4 个百分点；第二生长周期含糖率 14.5%，比对照 KWS0143 增加 0.5 个百分点。耐根腐病和褐斑病，抗丛根病。第一生长周期亩产 5 214.5 kg，比对照 KWS0143 增产 6.2%；第二生长周期亩产 5 239.6 kg，比对照 KWS0143 增产 6.4%。

栽培技术要点

(1) 该品种适宜密植，亩保苗 6 500~8 000 株。

(2) 栽植选择在地势平坦、土地疏松、地力肥沃、耕层较深地上种植。避免重茬和迎茬。

(3) 依据具体条件，生育期每亩总氮不超过 15 kg，五氧化二磷 10 kg，氧化钾 6 kg。

(4) 整个生育期应及时除草，做好苗期虫害防治，中后期的叶部病害防治。

适宜种植区域及季节

适宜在河北、甘肃、吉林、黑龙江、内蒙古、新疆地区春季种植。

第十八节　SV1555

登记编号

GPD 甜菜（2018）110100

选育单位

荷兰安地国际有限公司

申请登记单位

荷兰安地国际有限公司北京代表处

品种来源

SVDH MS 2536×SVDH POL 4892

特征特性

标准型甜菜杂交品种。出苗快,整齐度好,易保苗,株高中等,生长势强。叶片功能期长,叶丛半直立,叶片呈舌形,利于通风透光。根冠比例协调,株型紧凑,适合密植。根为圆锥形,根头小,根沟浅,利于切削及机械化收获。第一生长周期含糖率14.7%,比对照KWS0143增加0.4个百分点;第二生长周期含糖率14.5%,比对照KWS0143增加0.5个百分点。抗根腐病,耐褐斑病和丛根病。第一生长周期亩产5 214.5 kg,比对照KWS0143增产6.2%;第二生长周期亩产5 239.6 kg,比对照KWS0143增产6.4%。

栽培技术要点

(1)选择在地势平坦、土地疏松、地力肥沃、耕层较深地上种植。避免重茬和迎茬。

(2)依据具体条件,生育期总氮不超过15 kg/亩,五氧化二磷10 kg/亩,氧化钾6 kg/亩。

(3)整个生育期应及时除草,做好苗期虫害防治,中后期的叶部病害防治。

适宜种植区域及季节

适宜在河北、甘肃、吉林、黑龙江、内蒙古、新疆地区春季种植。

第十九节 SV1434

登记编号

GPD 甜菜（2018）110077

选育单位

荷兰安地国际有限公司

申请登记单位

荷兰安地国际有限公司北京代表处

品种来源

SVDH MS2558 × SVDH POL4884

特征特性

标准型甜菜杂交品种。二倍体遗传单胚雄性不育品种。苗期生长旺盛，发芽势强，出苗快而整齐。叶片功能期长，叶丛半直立，叶片舌形。根冠比例协调，株型紧凑，适合密植。根为楔形，根头小，根沟浅，根皮光滑。第一生长周期含糖率15.3%，比对照TY309高0.2个百分点；第二生长周期含糖率15.7%，比对照TY309低0.3个百分点。抗根腐病，耐褐斑病和丛根病。第一生长周期亩产4 956.3 kg，比对照TY309增产16%；第二生长周期亩产5 167.6 kg，比对照TY309增产17%。

栽培技术要点

(1) 秋季深翻地,5年以上轮作。

(2) 纸筒移栽每亩保苗 5 500 株,机械化直播亩保苗 6 000 株。

(3) 施肥以农家肥与化肥配合使用为好,农家肥 15 t/hm² 以上,化肥氮、磷、钾纯量 450 kg/hm²,根据不同区域氮∶磷∶钾为 1∶(0.8~1.2)∶0.6,适量增施硼、锌等微量元素。化肥分底肥、种肥、追肥分期施入,追肥以磷钾肥为主,时间不能晚于 8 片真叶期。

适宜种植区域及季节

适宜在河北、甘肃、吉林、黑龙江、内蒙古、新疆地区春季种植。

第二十节 SV2085

登记编号

GPD 甜菜(2018)110111

选育单位

荷兰安地国际有限公司

申请登记单位

荷兰安地国际有限公司北京代表处

品种来源

SVDH MS2569 × SVDH POL4909

特征特性

标准型甜菜杂交品种。苗期生长旺盛，发芽势强，出苗快而整齐，利于苗全苗壮。叶片功能期长，叶丛半直立，叶片舌形。根冠比例协调，株型紧凑，适合密植。根为圆锥形，根头小，根沟浅，根皮光滑。第一生长周期含糖率16.6%，比对照BETA218增加0.8个百分点；第二生长周期含糖率17.0%，比对照BETA218增加0.7个百分点。耐根腐病和褐斑病，抗丛根病。第一生长周期亩产6 720.4 kg，比对照BETA218增产16.9%；第二生长周期亩产6 646.7 kg，比对照BETA218增产15.7%。

栽培技术要点

（1）一般每亩保苗5 500~6 000株。

（2）严禁重茬种植，实行4年以上的轮作，秋季深翻地。

（3）适量施用氮肥，多施磷、钾肥。

适宜种植区域及季节

适宜在黑龙江、内蒙古、吉林、新疆、河北、甘肃地区春季种植。

参考文献

韩成贵，马俊义，吴学宏，等，2014.甜菜主要病虫害简明识别手册[M].北京：中国农业出版社.

马俊义，陈卫民，周泽容，等，2010.新疆甜菜主要病虫害及其防治[R].乌鲁木齐：新疆维吾尔自治区科学技术协会等.

马俊义，陈卫民，周泽容，等，2012.甜菜主要病虫害及其防治[M].乌鲁木齐：新疆科学技术出版社.

主要病虫草害图集

甜菜主要病害

白粉病

黄化病毒病

褐斑病

立枯病

根腐病

丛根病

甜菜主要虫害

地老虎（杨安沛 供图）

金针虫

主要病虫草害图集

甜菜象甲

甜菜茎象甲

甘蓝夜蛾 （杨安沛 供图）

旋幽夜蛾 （杨安沛 供图）

红蜘蛛

甲　虫　（杨安沛　供图）

甜菜常见草害

稗 草

反枝苋

主要病虫草害图集

冰 草

135

打碗花

主要病虫草害图集

龙　葵

苦苣菜

主要病虫草害图集

萹 蓄

139

刺儿菜

冬 葵

节节草

蒲公英

芦 苇

曼陀罗

马齿苋

酸模叶蓼

苣荬菜

主要病虫草害图集

灰绿藜

149

狗尾草

荠　菜

独行菜